Yan Schenkel

Le monde de PICA PAU

Traduction autorisée du livre *El Mundo de Pica Pau*,
de Yanina Schenkel
ISBN 978-9874582928

Édition de la version originale en langue espagnole :
Vik Arrieta
Direction artistique : Pablo Galuppo
Photographies : Pablo Galuppo, Yanina Schenkel,
Vik Arrieta et Matías Gorostegui

Adapté de l'espagnol (Argentine) par Aurélie Marcillac.
Adaptation graphique et mise en pages : Sandrine Escobar.

Éditions Eyrolles
61, bd Saint-Germain
75005 Paris

www.editions-eyrolles.com

ISBN : 978-2-212-67481-1

Yan Schenkel

Le monde de PICA PAU

22 amigurumis à crocheter

Éditions EYROLLES

Créer en s'amusant !

Le crochet, le dessin et la cuisine occupent une place essentielle dans mon quotidien. Ils m'aident à me changer les idées et à garder les pieds sur terre. Ce qui est une véritable prouesse dans le tumulte de nos vies actuelles, surtout pour quelqu'un d'aussi anxieux que moi ! Mais, par-dessus tout, ces trois activités me rendent heureuse, car je crée avec mes mains et résous des problèmes.

L'une des choses que j'apprécie le plus dans ces activités, c'est la sensation incroyable d'avoir devant moi un nombre infini de possibilités. Chaque fois que j'entre dans une librairie, une mercerie, un marché bien achalandé ou l'un de ces immenses magasins de bricolage, j'ai les mains qui transpirent et je ne sais plus où donner de la tête tellement il y a de choses à voir ! Dans ma vie, il y a toujours eu des crayons, des cahiers, des casseroles, des cuillères, des fils, des crochets, des ciseaux… J'ai toujours eu la nécessité impérieuse de jouer avec eux : ils étaient là, il fallait les utiliser, les tester, expérimenter… et voir jusqu'où je pouvais aller sans me faire gronder par mes parents !

Après bien des allées et venues entre différents domaines d'études – neuf, pour être exacte ! –, cet amour de la création et cette incapacité à rester tranquille ont petit à petit donné vie à mon métier. Un métier qui mêle le dessin, le crochet et la cuisine.

Faiseuse de jouets, créatrice, crocheteuse : mon métier est de fabriquer des personnages. Pratiquement toutes mes réalisations prennent vie depuis toujours sur mes carnets, inspirées par plus de trente ans passés à dévorer des dessins animés, des films d'aventure et fantastiques, ainsi que des livres illustrés (pour enfants mais pas seulement). Je les fabrique au crochet, car c'est une technique agréable et pratique, qui ne demande pas un grand savoir-faire ni un grand espace de travail, seulement du fil et un crochet ! Je ne fabrique pas en grand nombre, car chaque personnage est réalisé

Picasso
Schiele
Hiroshige
FRIDA
ARTE del siglo XX
TASCHEN
ESCUELA DE DIBUJO DE ANATOMÍA
KLIMT
Vinci
BARZON

par moi, avec soin. J'ai besoin qu'ils transmettent toujours toute la tendresse avec laquelle je les crée, le temps passé dans chaque maille et la patience mise dans chaque couture…

Je crois également – comme beaucoup, heureusement – que la production de masse et l'excès de matières synthétiques sont en train de nous rendre malades (même si je ne peux m'empêcher de continuer à aimer tous mes jouets en plastique…). Bien sûr, il ne s'agit pas de revenir en arrière, mais seulement de nous reconnecter d'une autre manière avec les objets qui font partie de notre vie, en décidant, par exemple, de cultiver son potager, de pétrir son pain, de tricoter ses vêtements, de fabriquer ses jouets…

J'ai bien conscience que tout le monde n'a pas toujours le temps, l'espace ni même l'énergie de mettre ses mains en action. Mais, dans ce cas, nous avons la possibilité d'acheter ces produits auprès d'artisans. Je souhaite vraiment que cela devienne accessible au plus grand nombre, pour le bien de tous et de notre planète.

Je suis enfin une farouche défenseuse du droit de profiter des choses qui nous rendaient heureux lorsque nous étions enfants. Je pense en effet que, même adultes, elles peuvent nous illuminer de la même magie. Et, lorsque nous nous lançons dans l'aventure, si belle mais tellement ardue, de devenir parents, garder cette étincelle nous rapproche encore plus de nos enfants et nous permet de mieux comprendre leur monde. Ma tâche en tant que créatrice de personnages est de continuer à attiser l'imaginaire pour que jamais nous ne cessions de jouer.

Ce livre est né de toutes ces raisons. Et pour partager avec vous ce que j'ai appris au cours de toutes ces années.

Yan

Sommaire

DÉBUTER EN CROCHET

DÉBUTER EN CROCHET

Apprendre le crochet avec un livre

Pratiquement tous les livres et magazines proposant des tutos que je connais partent de l'idée que le lecteur sait crocheter. Au début, ce livre devait faire partie du lot. La tâche était alors assez simple, puisque j'avais testé et corrigé 80 % de mes tutos ; il ne me restait donc plus qu'à les retranscrire. Mais, au cours de l'une des premières réunions avec mon éditrice, elle m'a dit : « Je veux apprendre à crocheter avec ton livre. Je n'y connais rien. Rien du tout. Je ne sais même pas à quoi ressemble un crochet. » Imaginez ma tête ! J'ai d'abord pensé à ces dessins confus, à ces abréviations qui effraieraient même un ingénieur de la NASA, aux expressions de panique de mes élèves à la vue du premier diagramme… et à un livre de nœuds marins qui a réussi à devenir – et reste encore – mon plus grand ennemi et mon éternel défi !

Soyons francs : apprendre à crocheter à l'aide d'un livre n'est pas chose aisée. Vous devrez entraîner votre corps à effectuer certains mouvements et aussi acquérir un langage nouveau. Ce n'est pas simple, mais c'est loin, très loin, d'être impossible. Je vous le dis en connaissance de cause : j'ai moi-même appris le crochet à l'aide de livres et de leurs schémas indéchiffrables, mais avec la possibilité de s'y rapporter mille fois, de les annoter, de les corriger et d'apprendre leurs images par cœur. Même si je tiens le crochet et l'ouvrage d'une manière peu orthodoxe et que mes nœuds sont parfois bizarres, j'y suis arrivée avec de la persévérance et du temps, n'ayant pas Internet pour lever mes doutes, ni une gentille grand-mère pleine de patience pour m'expliquer ou me reprendre chaque fois que je tenais le crochet comme un couteau.

Je fais partie de ces gens qui pensent que si l'on reste positif et que l'on est suffisamment entêté, tout est possible. C'est pourquoi je suis convaincue que n'importe qui peut apprendre à crocheter à l'aide d'un livre. Et plus encore si vous avez non loin de vous une grand-mère dévouée qui rectifiera votre manière de tenir le crochet !

Matériel

Avant de vous lancer dans cette aventure, il faut que vous ayez à portée de main tout le matériel nécessaire. Celui que l'on vous a prêté ou dont vous aurez peut-être hérité fera très bien l'affaire pour commencer. Dans le cas où vous n'auriez absolument rien, voici un petit guide pour vous aider à vous plonger dans le monde merveilleux des merceries ! Avant d'acheter tout un kit de crochets, je vous conseille d'abord d'en tester un.

Manche ergonomique

Manche en bambou

Ciseaux

Yeux de sécurité

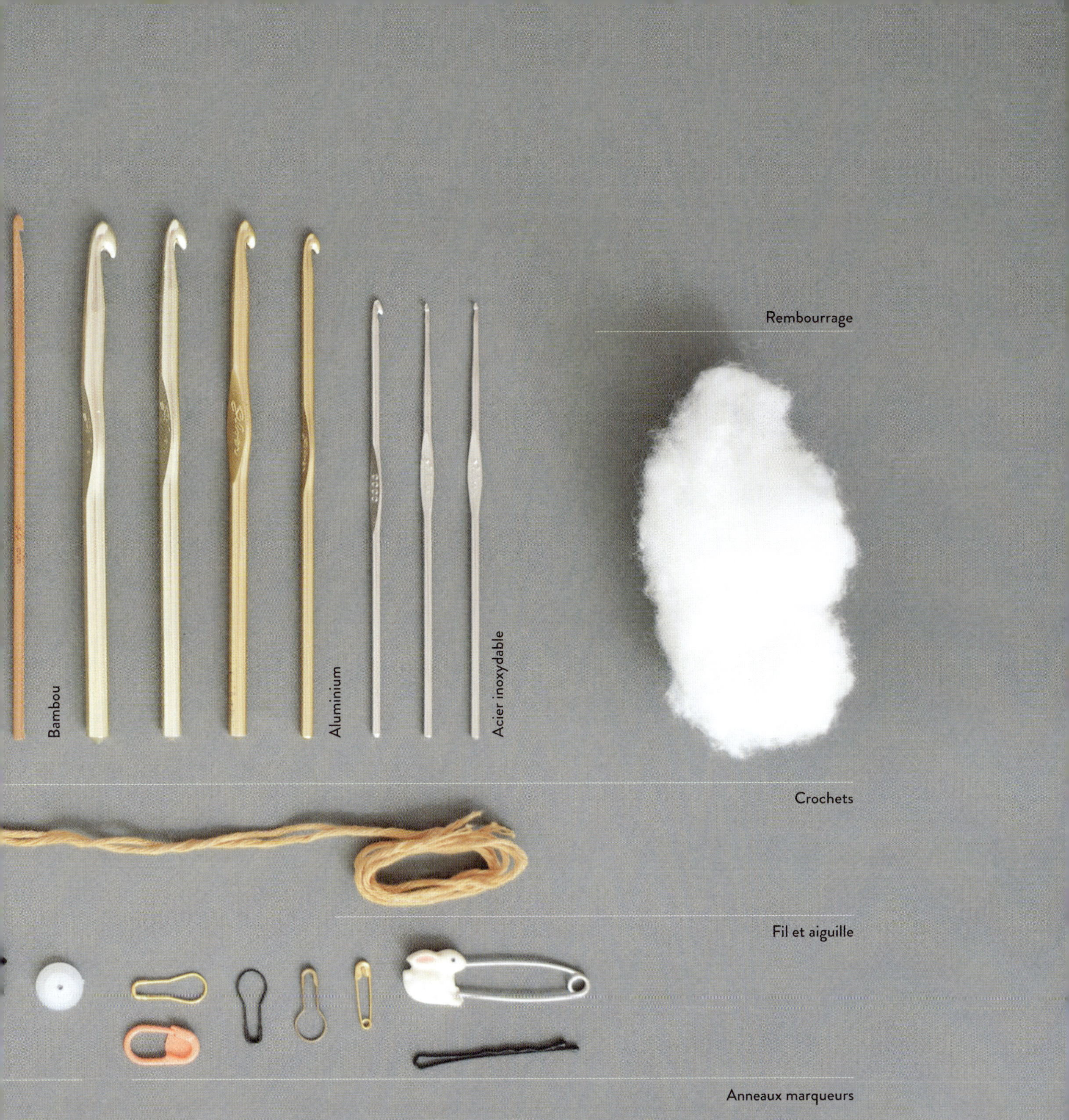
Rembourrage
Bambou
Aluminium
Acier inoxydable
Crochets
Fil et aiguille
Anneaux marqueurs

Fils

En théorie, vous pouvez crocheter avec tous les types de fils : poil d'animal, soie, Nylon, polyester, fibres végétales, cuir et mêmes sacs en plastique, fil de fer ou de papier. Bien évidemment, à chaque fil son usage. Tous ne présentent pas les mêmes avantages et inconvénients, et tous ne sont pas adaptés à la réalisation de personnages en crochet. Mais n'hésitez pas à tester différentes épaisseurs, textures et couleurs. Je vous conseille d'investir dans des fils de qualité, agréables au toucher et faciles à crocheter.

COTON

C'est la fibre naturelle d'origine végétale la plus utilisée pour crocheter, et c'est toujours mon premier choix.

Moins élastique que d'autres fils, le coton conserve toutefois mieux sa forme, ce qui est très appréciable dans la réalisation de personnages. Il est durable et hypoallergénique – il convient donc parfaitement aux créations destinées aux enfants.

Mais la contrepartie est qu'il ne glisse pas toujours facilement sur le crochet. Vu qu'il est composé de plusieurs brins, le coton s'accroche aussi parfois sur la pointe. En tant que débutant, il est fort probable que vous serez confronté à ces problèmes !

Il existe différents types de fils de coton.

BRUT : d'apparence mate, vous le trouverez dans une vaste gamme de couleurs. C'est en général le moins cher.

PEIGNÉ : c'est un coton dont toutes les impuretés ont été éliminées et qui a subi un processus permettant l'obtention de fibres plus longues. Il est doux au toucher et s'abîme peu.

MERCERISÉ : ce fil de coton a été plongé dans une solution qui lui donne un aspect lustré qui augmente sa résistance. Je le trouve un peu brillant, mais il est bien plus facile à travailler.

LAINE

D'origine animale (brebis, chèvre, lama, alpaga, lapin, vigogne), la laine est vendue pure ou associée avec d'autres matières (d'autres types de laine, de l'acrylique…) dans des proportions variées. Ces fils sont plus élastiques que les fils 100 % laine, et leurs couleurs et textures sont magnifiques. Si vous débutez, sachez que les laines poilues sont très difficiles à crocheter avec des crochets fins. Par ailleurs, si le personnage est destiné à un enfant, mieux vaut éviter ce type de fil, surtout si vous ne savez pas s'il est allergique – la seule fibre animale qui ne provoque pas d'allergies est l'alpaga, mais elle résiste peu à l'eau et est très chère !

ACRYLIQUE

Cette fibre synthétique ressemble à la laine, mais elle vieillit moins bien. Bien que ce soit la plus économique et qu'elle glisse très bien sur le crochet, elle tend à pelucher. Ce fil est le plus utilisé dans la fabrication de personnages en crochet. Je vous avoue que je ne suis pas séduite par sa texture et son aspect brillant. Mais c'est une question de goût !

ÉPAISSEUR DU FIL

Chaque type de fil existe dans différentes épaisseurs. Il s'agit du rapport entre son poids et le nombre de mètres que compte la pelote. Par exemple, une pelote de 100 g de fil extra-fin pour broder ou faire de la dentelle peut mesurer 800 m, et une pelote de très grosse laine du même poids seulement 50 m. Généralement, le fil utilisé pour crocheter se présente en pelotes de 200 à 400 m pour 100 g.

N'oubliez pas que l'épaisseur du fil et le crochet utilisé doivent toujours correspondre. Cela aura un impact sur le résultat final : avec un même tuto, si vous utilisez un fil très fin et le crochet correspondant (voir p. 17), vous obtiendrez un ouvrage plus petit qu'avec un fil plus gros.

**Si vous débutez en crochet,
je vous conseille de choisir un fil non texturé,
de couleur claire et d'épaisseur moyenne.**

Crochet

Crocheter consiste à faire passer une boucle de fil au-dessus d'une autre à l'aide d'un crochet. Sachez que si vous avez l'intention de fabriquer des personnages de 2 m de haut, il est tout à fait possible de crocheter avec les mains pour un résultat similaire.

ANATOMIE DU CROCHET

Le crochet mesure entre 12 et 15 cm de long.

LE CROCHET : composé de la pointe et de la gorge, il permet d'insérer le crochet et de prendre le fil pour le faire passer dans les mailles.

LA POINTE : elle est arrondie pour glisser facilement dans une maille, ou dans un espace créé entre deux mailles. Il est essentiel qu'elle soit parfaitement lisse pour faciliter ce mouvement.

LA GORGE OU LE COU : il s'agit de l'encoche (la partie la plus étroite) dans laquelle s'accroche le fil pour pouvoir le passer dans une maille.

LA TIGE : c'est l'endroit où se forme la maille. Son épaisseur (indiquée par le numéro du crochet) détermine donc la taille des mailles.

LE REPOSE-POUCE : c'est sur cette partie aplatie que vous appuierez vos doigts pour tenir le crochet. Notez que certains crochets ergonomiques n'en ont pas.

LE MANCHE ou poignée : il s'agit de l'extrémité du crochet que l'on tient dans la main. Fabriqué ou non dans le même matériau que le crochet – dans un but purement décoratif ou pour une meilleure prise en main – il peut être en bois, en bambou, en plastique...

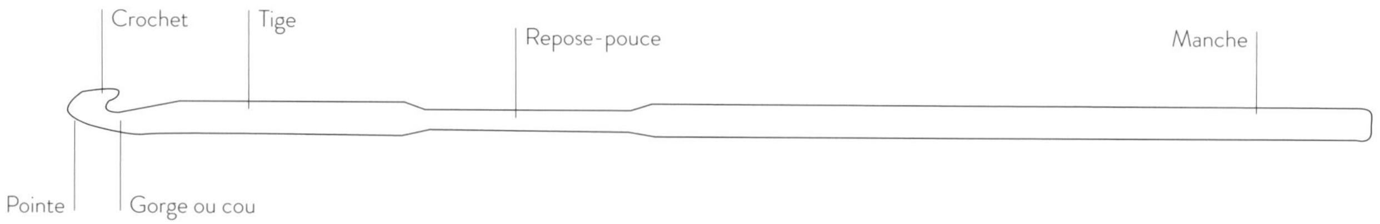

TAILLES ET NUMÉROTATIONS

La numérotation qui figure sur le repose-pouce dépend du matériau, du fabricant et du pays d'origine. Elle peut être indiquée en lettres ou en chiffres selon le système métrique, ou à l'aide de zéros. Retenez que plus le fil est épais, plus le diamètre du crochet doit être gros. Si votre ouvrage semble très serré, utilisez un crochet plus gros. À l'inverse, si les mailles sont trop lâches ou qu'il y a des trous, choisissez-en un plus fin.

Lorsque vous crochetez des personnages, préférez un crochet plus fin que celui indiqué pour crocheter un vêtement, car la trame doit être bien serrée pour que le rembourrage ne se voie pas et ne puisse pas s'échapper. Calculez environ 1 à 1,5 mm de moins que ce qui est indiqué sur la pelote.

Équivalences des crochets : systèmes métrique (mm), impérial britannique (GB), américain (US)

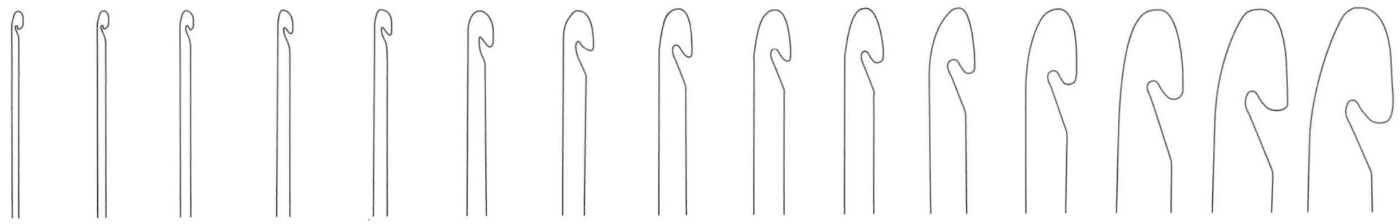

mm	2,00	2,25	2,50	2,75	3,25	3,50	3,75	4,00	5,00	5,50	6,00	6,50	8,00	9,00	10,00
GB	14	13	12	11	10	9	8	7	6	5	4	3	0	00	000
US	4	B-1	1/0	C-2	D-3	E-4	F-5	G-6	H-8	I-9	J-10	K-10½	L-11	M/N-13	N/P-15

MATÉRIAUX

Autrefois, les crochets étaient fabriqués en os, en verre ou en ivoire – heureusement, ces derniers ne se vendent plus... Il en existe aussi avec des manches incroyables (en forme d'animaux ou ornés de motifs floraux), mais ce sont pour la plupart des objets de collection, qui n'ont pas vocation à crocheter. Voici aujourd'hui les types de crochets qui sont commercialisés.

EN ACIER INOXYDABLE : ce sont mes préférés. Ils sont généralement très solides et présentent une excellente finition. Les plus fins (jusqu'à 0,6 mm) s'utilisent uniquement pour la dentelle avec du fil de lin ou du coton mercerisé, super fin ; on les appelle aussi « crochets à dentelle ». Les plus gros, entre 2 et 3,5 mm, sont parfaits pour travailler du coton à six brins (moyen) et pour crocheter des personnages.

EN ALUMINIUM : il en existe de toutes les tailles. Ce sont souvent les plus appréciés, car ils sont bon marché et très légers (avantage non négligeable quand le crochet est gros). Attention, si l'aluminium est de mauvaise qualité ou s'il est très fin, le crochet aura tendance à se plier au niveau du repose-pouce si l'on appuie fort dessus.

EN BOIS OU BAMBOU : je vous les recommande seulement pour travailler des fils épais. Généralement, les plus fins sont en effet rugueux et ne glissent pas très bien, et ils ont également tendance à se casser facilement.

EN PLASTIQUE : préférez-les pour crocheter des fils épais, du raphia ou du trapilho. Ils sont alors plus légers et glissent mieux que ceux en bois.

Fournitures

CISEAUX

Nul besoin de ciseaux en particulier, mais les plus petits (pour fil à coudre) sont les plus pratiques.

MARQUEURS

Un marqueur sert à matérialiser une maille, souvent la première du tour. Comme en tricot, vous pouvez opter pour un simple petit bout de laine de couleur. Mais pour être sûr de ne pas perdre votre maille, je vous recommande d'utiliser une épingle à nourrice, un trombone...

Il existe bien entendu des anneaux marqueurs, spécialement conçus à cet effet, en forme de crochet, de cadenas ou d'anneau, généralement en plastique ou métal. Mais vu que j'ai tendance à les casser facilement, je préfère utiliser ce que j'ai sous la main.

AIGUILLES

La logique voudrait que je vous recommande une petite aiguille à laine, mais j'adore les aiguilles à tapisserie droites (avec une pointe arrondie, qui ne pique pas) que l'on utilise également pour la reliure. L'important est que le chas ne soit pas trop grand, pour ne pas agrandir l'espace entre les mailles – en particulier si vous travaillez avec du fil fin – ni la pointe trop pointue pour ne pas abîmer l'ouvrage.

REMBOURRAGE

Il s'agit de la même ouate que l'on utilise pour rembourrer les coussins et les couvertures matelassées. Elle se vend également au mètre, sous la forme d'un tissu, mais dans ce cas, vous devrez la défaire avec les mains avant de l'utiliser. Je ne vous recommande pas le coton – il se tasse et risque au fil du temps de perdre en volume, et il absorbe également l'humidité qui reste alors dans votre création – ni les graines – à la moindre goutte d'eau, c'est tout un écosystème qui va se développer dans votre personnage.

YEUX DE SÉCURITÉ, NEZ...

Il existe un large éventail de détails que vous ajouterez à vos créations : yeux et nez en plastique de toutes les couleurs et de toutes les tailles, boutons, nœuds, rubans...

Pour mes personnages, j'utilise uniquement des yeux (ou un nez) de sécurité en plastique, composés de deux éléments : l'œil à proprement dit (ou le nez), et une attache qui se place à l'intérieur de la tête. S'ils sont correctement fixés, il est pratiquement impossible de les retirer (c'est pourquoi je vous suggère de ne pas les mettre avant d'avoir déterminé leur emplacement définitif). Il est parfois difficile de les trouver en mercerie ; si tel est le cas, commandez-les sur Internet. Sinon, remplacez-les par des boutons ou par quelques points de broderie.

Partir de zéro

Crocheter nécessite beaucoup de pratique et de persévérance avant que le geste devienne naturel et fluide. Soyez donc très patient !

Comme pour toute activité, voici quelques recommandations à suivre : ne crochetez pas trop longtemps sans faire de pause si vous ne voulez pas développer une tendinite, gardez les épaules baissées et le dos bien droit.

TENIR LE CROCHET

Généralement, le crochet se tient dans la main avec laquelle on écrit, mais ce n'est pas une obligation. Si vous le prenez dans la main droite, vous crochèterez de la droite vers la gauche, et inversement (sauf quand vous réalisez les points de chaînette et d'écrevisse).

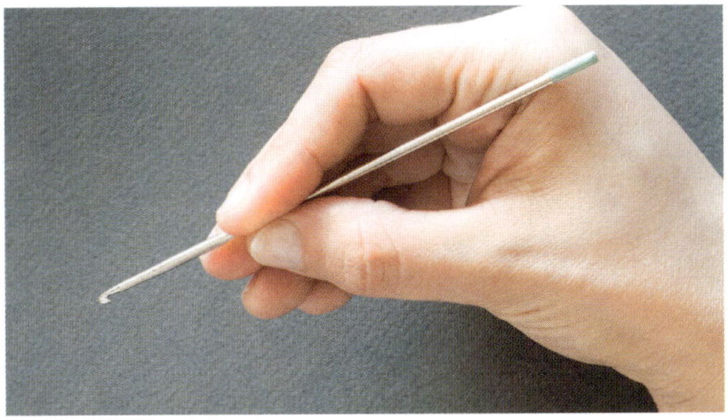

Comme un stylo (la manière habituelle) : tenez le crochet par la partie plate centrale (le repose-pouce), entre le pouce et l'index. Le manche est appuyé sur la main.

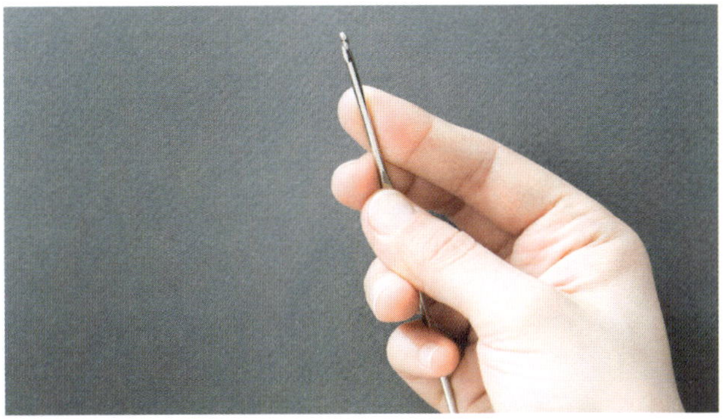

Comme un couteau (ma manière) : tenez le crochet par le repose-pouce, entre le pouce et le majeur, et l'index est placé près de la pointe. Le manche est appuyé sur la paume de la main, soutenu par l'annulaire et l'auriculaire.

TENIR LE FIL

Quelle que soit la manière dont vous tenez le crochet, l'autre main sert à maintenir le fil et l'ouvrage, et à réguler la tension. Comment et avec quels doigts, cela dépend vraiment de chacun.

Tous les points de crochet sont réalisés à partir de trois mouvements, associés de différentes manières.

1. Faire un jeté.

2. Piquer le crochet.

3. Ramener le fil à travers une maille ou une boucle.

FAIRE UN JETÉ

Quand on fait un jeté, on enroule le fil autour du crochet. Généralement, le jeté ne s'effectue pas à l'aide de la main, car c'est elle qui tient le crochet et l'ouvrage. Mais pas de panique si vous procédez de cette manière ; l'essentiel est que vous vous sentiez à l'aise !

Faites un jeté en utilisant la main pour enrouler le fil autour du crochet (débutants).

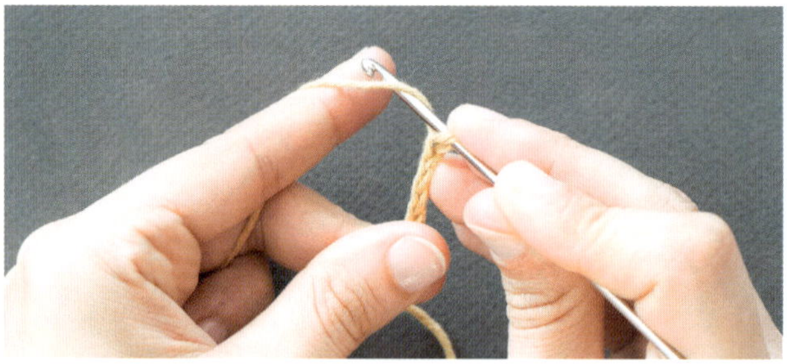
Faites un jeté en utilisant le crochet.

Faites un jeté en passant le fil au-dessus du crochet.

Faites un jeté en passant le fil autour du crochet.

Faites un jeté en passant le fil en dessous du crochet.

Le jeté peut être réalisé par au-dessus ou par en dessous le crochet, ce qui détermine l'aspect de la maille.

Notez que j'appelle « boucles » les « mailles ouvertes » qui se trouvent sur le crochet, pour les différencier des mailles fermées qui forment l'ouvrage.

Je crochète la maille serrée par en dessous. C'est pour cette raison qu'elle a la forme d'un X et non d'un V, comme c'est souvent le cas.

OÙ PIQUER ?

Quand on pique, on introduit le crochet dans une maille existante pour ramener un jeté ou pour réaliser une maille. La pointe du crochet doit toujours être orientée vers le bas – ou, à défaut, de côté – afin de ne pas accrocher l'ouvrage.

Piquez en passant le crochet sous les 2 brins (arrière et avant).

Piquez en passant le crochet sous le brin avant.

Piquez en passant le crochet sous le brin arrière.

Pour certains détails de mes créations (comme un bord de col), je pique seulement sous le brin arrière.

Il est possible de piquer à différents endroits de la maille, ce qui modifie l'aspect de l'ouvrage. Vu que la différence est très subtile, le plus important n'est pas de savoir où piquer mais de toujours le faire au même endroit pour un rendu et une texture homogènes.

Après avoir crocheté le 1er tour, il est possible de piquer dans les mailles :

- en passant sous les 2 brins : c'est la manière la plus courante de crocheter et c'est celle que j'utilise pour mes créations ;
- en passant sous le brin avant ;
- en passant sous le brin arrière : la texture de l'ouvrage est alors différente avec de très jolies lignes horizontales en dessous des mailles.

Points de base

Maille coulée
m.c.
En aller-retour
16 mailles
16 rangs

Maille serrée
m.s.
En aller-retour
16 mailles
11 rangs

Demi-bride
demi-br.
En aller-retour
16 mailles
6 rangs

Bride
br.
En aller-retour
16 mailles
4 rangs

Les échantillons en colonne de droite matérialisent, par le changement de couleur, l'aspect du point à l'endroit et à l'envers.

Avec ces points de base, vous pourrez tout faire ! Les autres points – appelés « fantaisie » – sont des variations ou des combinaisons de ces points. Si vous débutez en crochet, je vous conseille de vous exercer d'abord à la maille en l'air, jusqu'à ce que le mouvement devienne automatique. Une fois maîtrisée, passez à la maille serrée, point que vous utiliserez 99 % du temps pour crocheter des personnages. Voici quelques exemples de réalisations en mailles serrées.

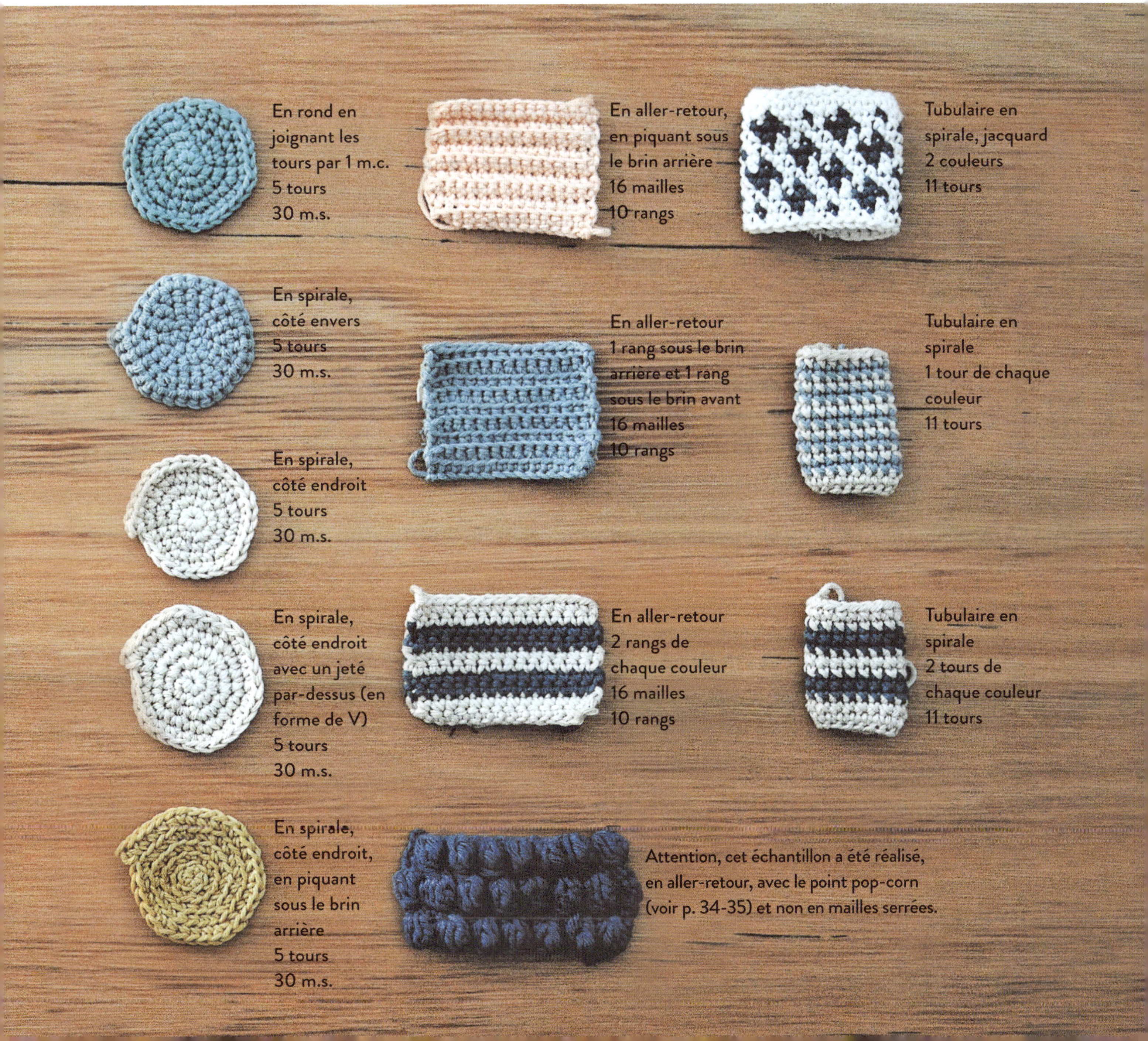

MAILLE EN L'AIR OU CHAÎNETTE (m.l.)

C'est le 1er tour que l'on monte avec le crochet – sauf pour les personnages et certaines autres réalisations. Généralement, il faut commencer par un nœud coulant – dans ce cas, ne comptez pas la 1re maille. Si, comme moi, vous commencez par un nœud serré, vous devez compter à partir de cette 1re maille.

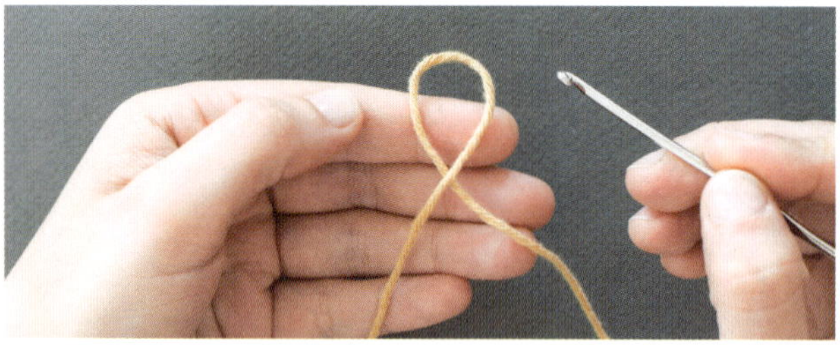

1. Commencez par un nœud coulant.

2. Nœud coulant.

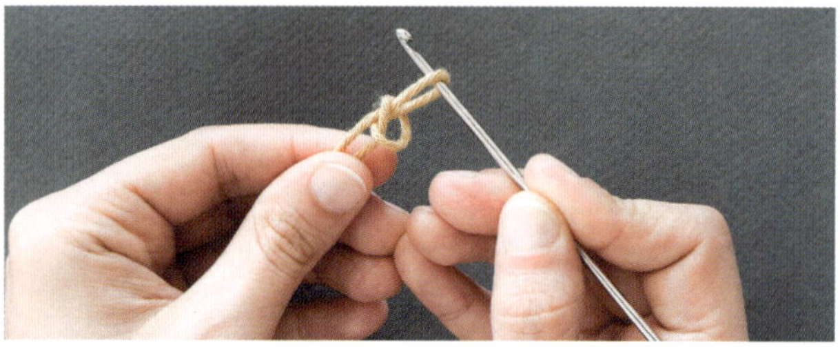

3. Ajustez le nœud sur le crochet.

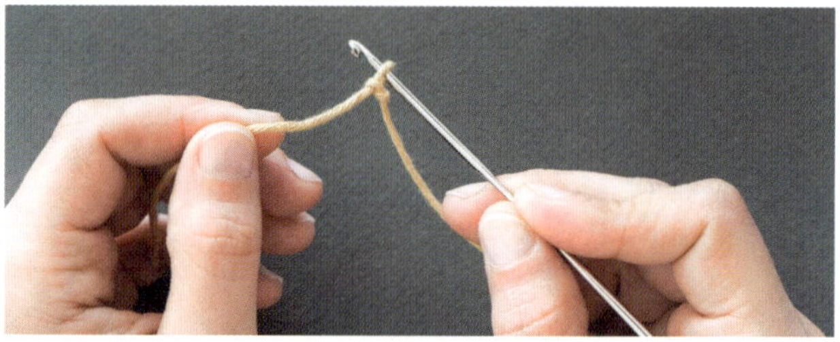

4. Nœud sur le crochet : point de départ de la chaînette.

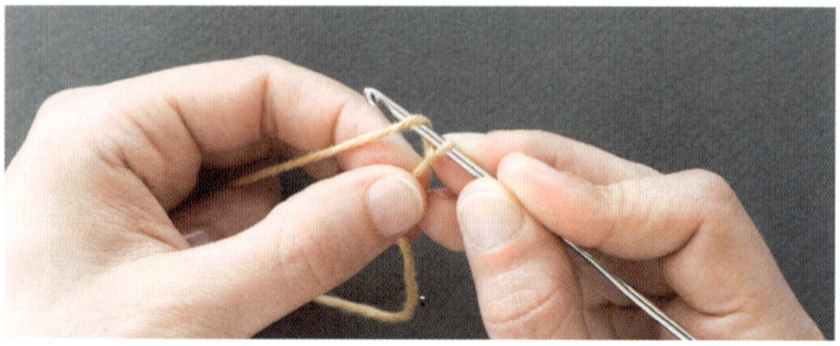

5. Faites un jeté.

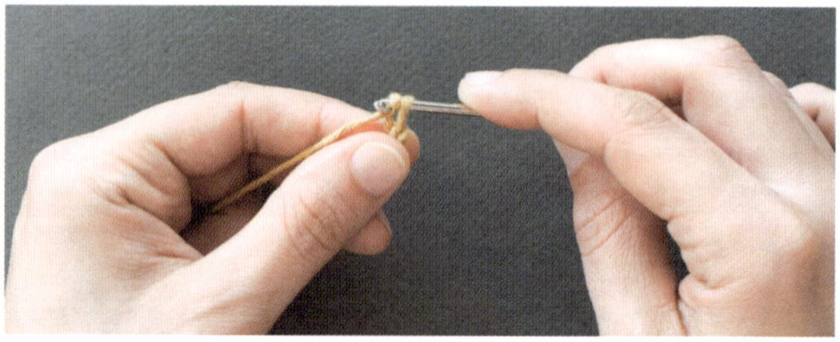

6. Tirez le fil à travers la boucle formée par le nœud sur le crochet.

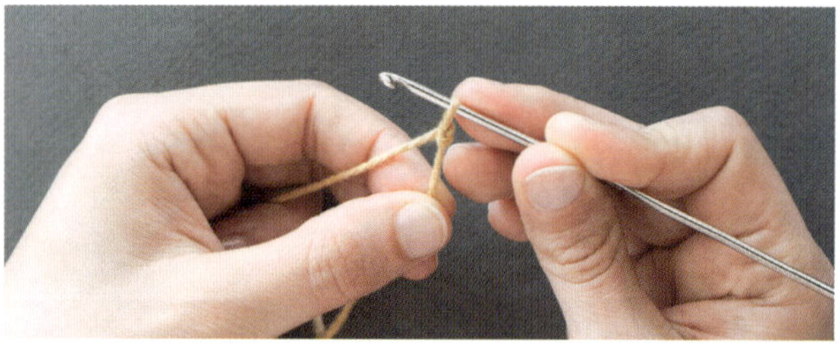

7. 1re maille.

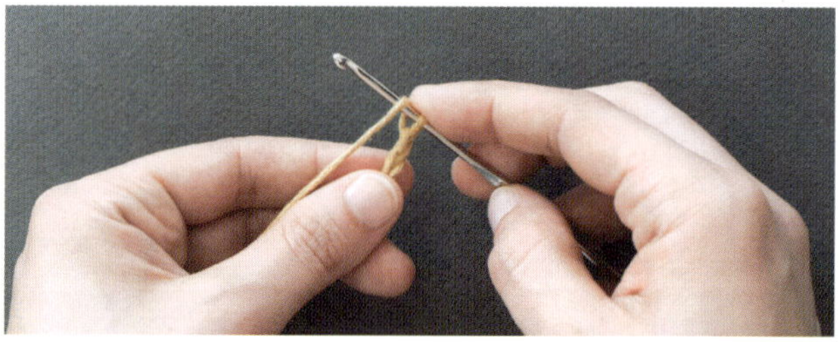

8. Faites un nouveau jeté.

9. Répétez autant de fois que nécessaire.

10. La chaînette est terminée.

Répétez cet enchaînement en fonction du nombre de mailles indiqué. Cet ensemble de mailles en l'air s'utilise :

- pour réaliser la chaînette de base, à savoir le 1er rang de mailles en l'air qui commence un ouvrage rectiligne (en rangs horizontaux, en aller-retour), tels un vêtement, une couverture... ;
- pour tourner ;
- pour se mettre à la bonne hauteur pour le rang suivant, selon le type de point que vous réalisez (1 m.l. = 1 m.s., 2 m.l. = 1 demi-br., 3 m.l. = 1 br., etc.) ;
- pour réaliser des points fantaisie comme les picots – 3 mailles en l'air crochetées ensemble pour former une bordure décorative.

COMPTER LES MAILLES

Pour compter les mailles, le plus simple est de commencer par la 1re maille, juste après le crochet.
Attention, la maille sur le crochet ne se compte pas.
Techniquement, il s'agit d'une boucle qui ne deviendra véritablement une maille que lorsqu'elle aura été fermée.

Sur la chaînette : n'oubliez pas que l'on compte la dernière maille seulement s'il s'agit d'un nœud fixe ; si c'est un nœud coulant, on ne la compte pas.

En rond : le plus simple est de compter en regardant la partie de la maille qui a le même aspect que sur la chaînette (le dessus, en forme de V, de chevron). Avec l'expérience, vous arriverez à les compter sous n'importe quel angle !

MAILLE COULÉE (m.c.)

La maille coulée sert à fermer les tours, à se déplacer de manière « invisible » d'un côté à l'autre de l'ouvrage et à renforcer les bordures. Je l'utilise pour fermer les tours du cercle magique – il s'agit simplement d'une habitude ; ce n'est pas obligatoire – et pour réaliser les bordures sur certaines finitions.

1. Sur la chaînette de base, piquez le crochet dans la 2e maille en partant du crochet. Il y a 2 boucles sur le crochet.

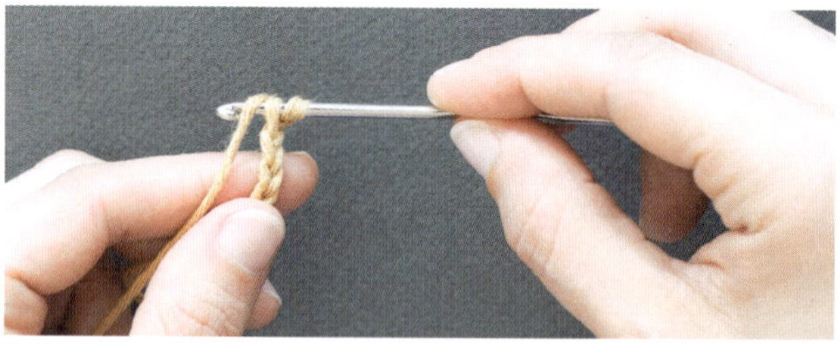

2. Faites un jeté.

3. Tirez le fil à travers les 2 boucles. La 1re maille coulée est formée.

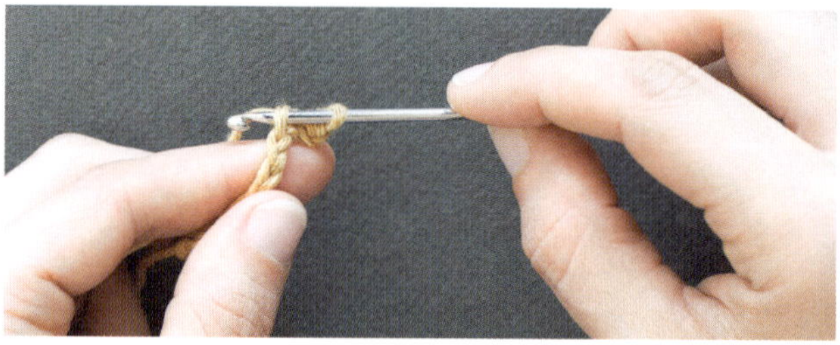

4. Répétez : piquez le crochet dans la maille suivante.

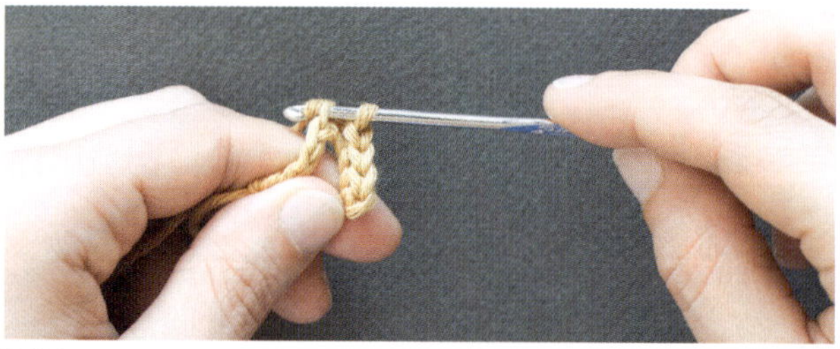

5. Faites un nouveau jeté.

6. Tirez le fil à travers les 2 boucles.

7. Une maille coulée à plat.

8. Une maille coulée en rond (dernier tour).

MAILLE SERRÉE (m.s.)

La maille serrée est le point phare pour crocheter des personnages qui gardent bien leur forme ; le résultat est alors serré et assez rigide. C'est aussi pourquoi elle est moins employée dans la confection de vêtements.

1. Sur une chaînette : piquez dans la 2e maille à partir du crochet.

2. Faites un jeté.

3. Tirez le fil à travers la maille. Il y a 2 boucles sur le crochet.

4. Faites un nouveau jeté.

5. Tirez le fil à travers les 2 boucles.

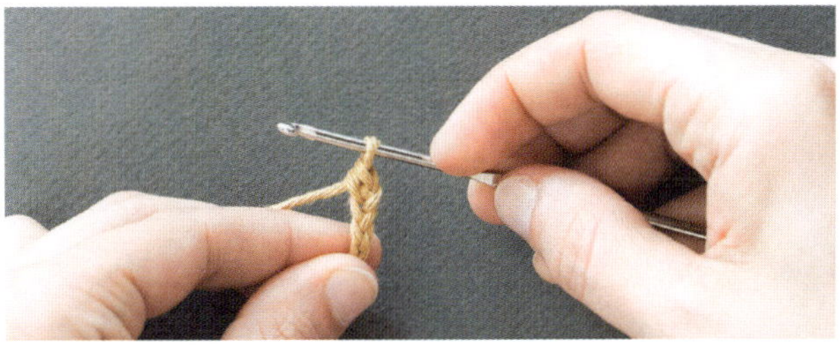

6. La 1re maille serrée est formée. Il ne reste qu'1 boucle sur le crochet.

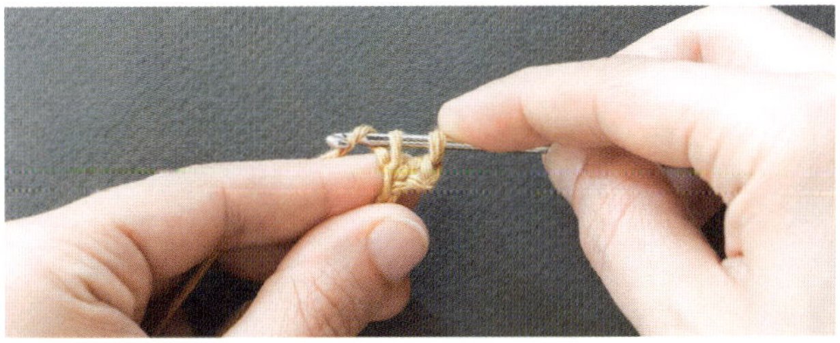

7. Répétez : piquez le crochet dans la maille suivante et faites un jeté.

8. Tirez enfin le fil à travers les 2 boucles.

9. Un rang de mailles serrées.

1. Sur un ouvrage en rond et en spirale : piquez dans la maille, sous les 2 brins, et faites un jeté.

2. Tirez le fil à travers la maille. Il y a 2 boucles sur le crochet.

3. Faites un nouveau jeté.

4. Tirez le fil à travers les 2 boucles.

5. Une maille terminée sur un ouvrage en spirale.

DEMI-BRIDE (demi-br.)

Comme son nom l'indique, la demi-bride est un point intermédiaire entre la maille serrée et la bride. Même si ce n'est pas le point que vous crocheterez le plus, son rendu reste intéressant pour réaliser les vêtements de vos personnages, qui sont alors plus fluides.

1. Faites un jeté.

2. Sur une chaînette : piquez dans la 3e maille. Faites un jeté et tirez le fil à travers la maille.

3. Il y a 3 boucles sur le crochet.

4. Faites un nouveau jeté.

5. Tirez le fil à travers les 3 boucles. La 1re demi-bride est formée.

6. Faites un nouveau jeté.

7. Répétez : piquez le crochet dans la maille suivante, faites un jeté et tirez le fil à travers la maille. Il y a 3 boucles sur le crochet.

8. Faites un nouveau jeté.

9. Tirez le fil à travers les 3 boucles.

10. Un rang de demi-brides.

BRIDE (br.)

En crochet, la bride est la star des points pour la réalisation de vêtements et de couvertures, car il apporte de la fluidité à l'ouvrage. En revanche, il est très peu employé pour la création de personnages : cette souplesse les rendrait trop mous et créerait des jours entre les mailles qui laisseraient apparaître le rembourrage. La double bride et la triple bride sont des brides plus hautes.

1. Faites un jeté.

2. Piquez dans la 4e maille de la chaînette.

3. Faites un nouveau jeté.

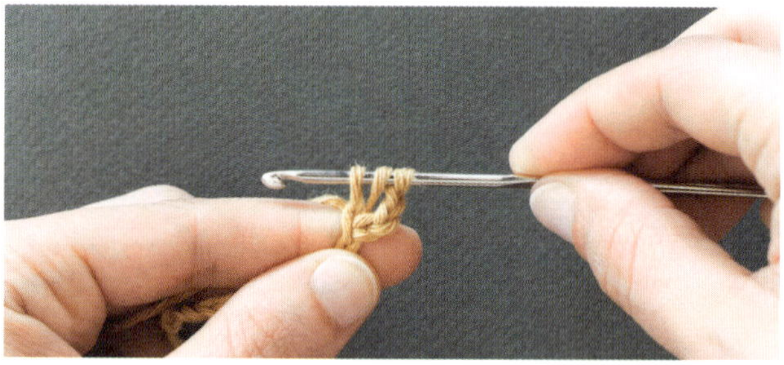

4. Tirez le fil à travers la maille. Il y a 3 boucles sur le crochet.

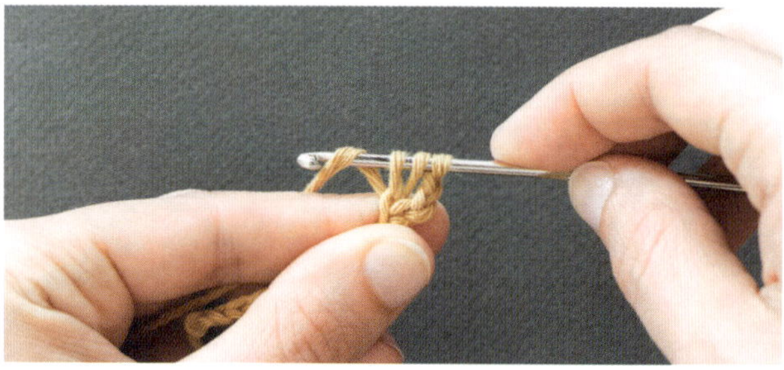

5. Faites un nouveau jeté.

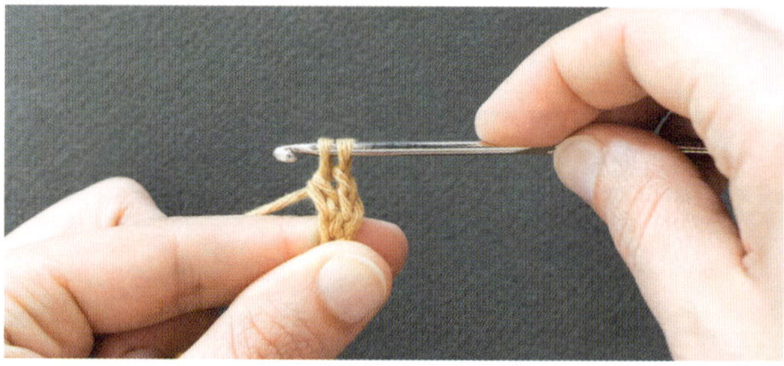

6. Tirez le fil à travers les 2 boucles. Il y a 2 boucles sur le crochet.

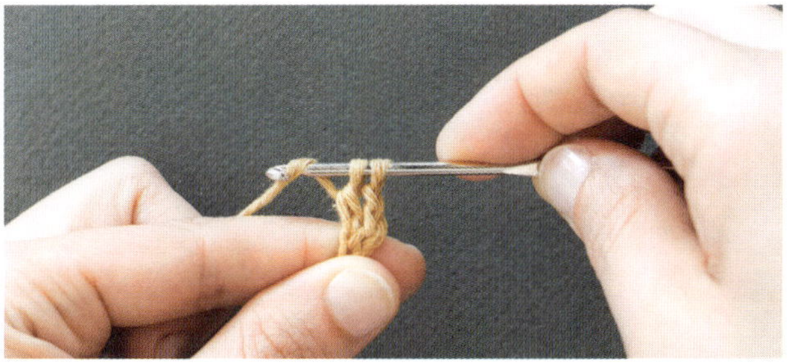

7. Faites un nouveau jeté.

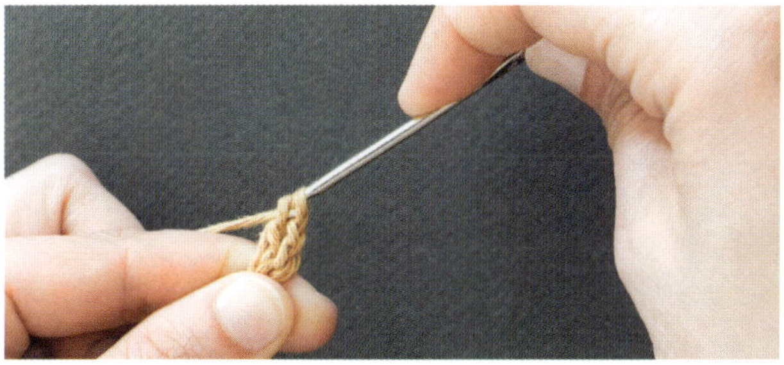

8. Tirez le fil à travers les 2 boucles. Hauteur de la bride : 3 mailles en l'air.

9. Une bride.

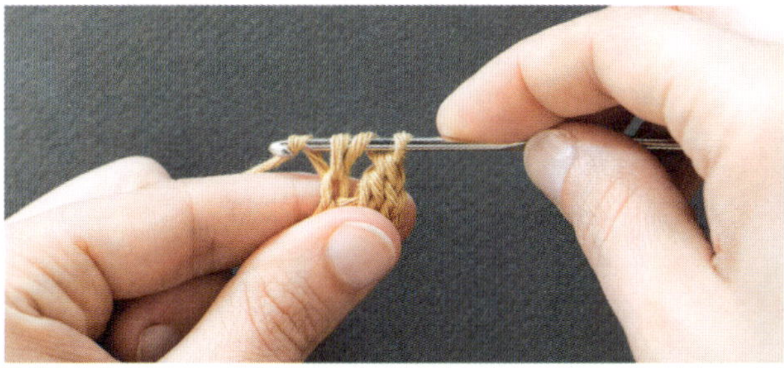

10. Répétez : faites un jeté, piquez dans la maille suivante, tirez le fil à travers la maille, faites un nouveau jeté. Il y a 4 boucles sur le crochet.

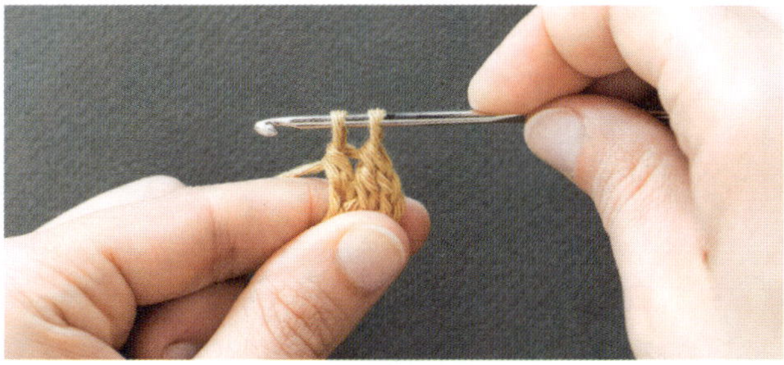

11. Tirez le fil à travers les 2 boucles. Il y a 2 boucles sur le crochet.

12. Faites un nouveau jeté.

13. Tirez le fil à travers les 2 boucles. Deuxième bride.

14. Un rang de brides.

POINT POP-CORN

Ce point (appelé aussi « nope » ou « bobble stitch ») n'appartient pas à la catégorie des points de base en crochet. Malgré tout, il est essentiel pour réaliser doigts, nez et oreilles de mes personnages, et aussi tout autre détail (la laine d'un mouton, une boule de Noël...). Il s'agit de 5 brides crochetées dans la même maille et refermées (« rabattues ») ensemble.

1. Faites un jeté.

2. Piquez dans la maille où réaliser le point pop-corn. Faites un nouveau jeté. Tirez le fil à travers la maille. Il y a 3 boucles sur le crochet.

3. Faites un autre jeté.

4. Tirez le fil à travers les 2 boucles. Il y a 2 boucles sur le crochet.

5. Faites à nouveau un jeté.

6. Piquez toujours dans la même maille. Faites un jeté. Tirez le fil à travers la maille.

7. Il y a 4 boucles sur le crochet.

8. Répétez les étapes 3 et 4. Il y a 3 boucles sur le crochet.

9. Répétez les étapes 5 à 8, jusqu'à avoir 6 boucles sur le crochet.

10. Faites un nouveau jeté.

11. Tirez le fil à travers les 6 boucles.

12. Un point pop-corn.

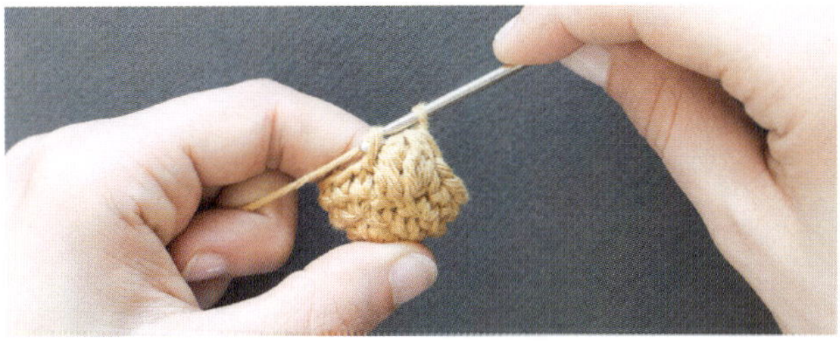

13. Crochetez la maille suivante comme indiqué dans le tuto (ici, il s'agit d'une maille serrée).

14. Pour crocheter le pouce d'un personnage, continuez avec une maille serrée.

15. Bien qu'il soit composé de plusieurs brides, le point pop-corn est refermé en une seule maille.

16. Un point pop-corn pour former un doigt.

Crocheter un personnage

ANNEAU CENTRAL EN CHAÎNETTE

C'est la façon traditionnelle de commencer un ouvrage crocheté en rond et en spirale lors de la réalisation de carrés *granny*, typiques des couvertures de nos grands-mères, mais aussi de personnages. Pour ma part, je ne suis pas totalement convaincue, car elle laisse toujours un petit trou.

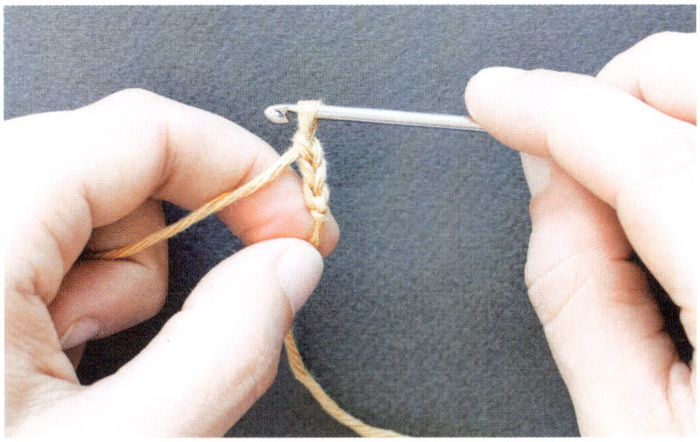

1. Faites 3 ou 4 mailles en l'air.

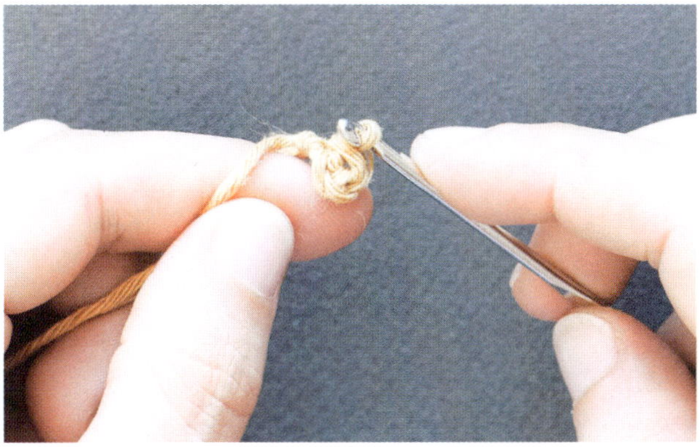

2. Piquez dans la 1re maille en l'air, faites un jeté et tirez le fil à travers la maille.

3. Crochetez le nombre de mailles indiqué dans le tuto en piquant dans le trou au centre de l'anneau formé par la chaînette.

4. Six mailles serrées crochetées sur l'anneau de base (et l'éternel problème du petit trou...).

CERCLE MAGIQUE

Le cercle (ou anneau) magique est selon moi la meilleure manière de commencer un personnage, car il peut être ajusté pour qu'il n'y ait pas de trou central.

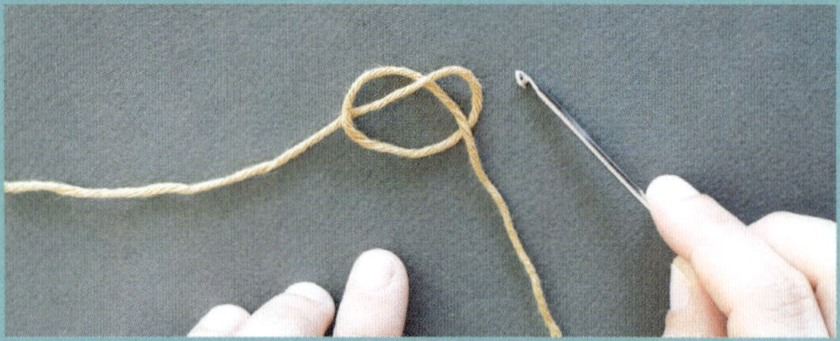

1. Faites un nœud classique – attention, le fil le plus court doit être placé devant le crochet.

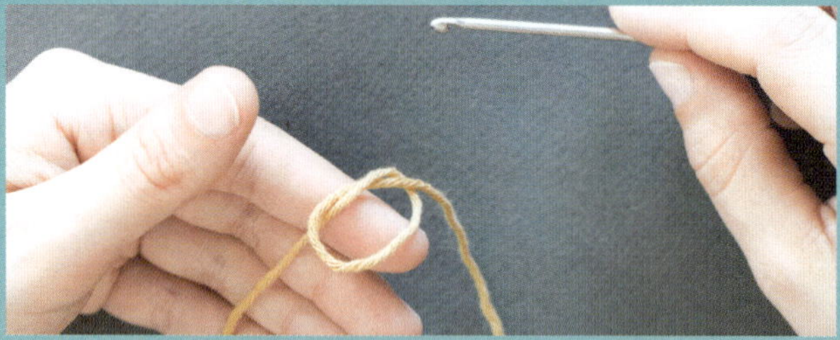

2. Posez le nœud sur l'index de la main libre (celle qui ne tient pas le crochet).

3. Maintenez fermement le nœud entre le pouce et l'index.

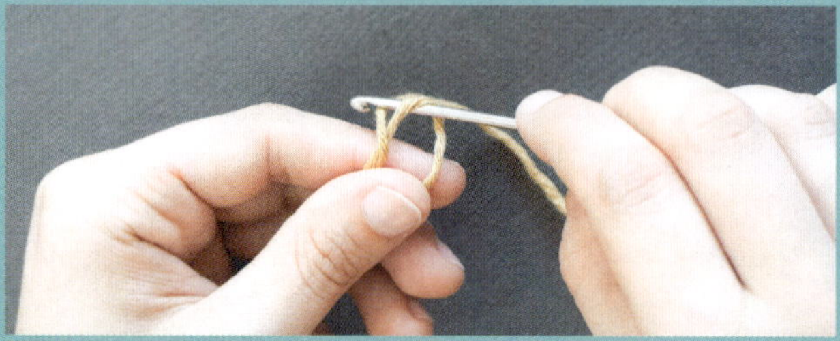

4. Piquez dans le trou au milieu du nœud.

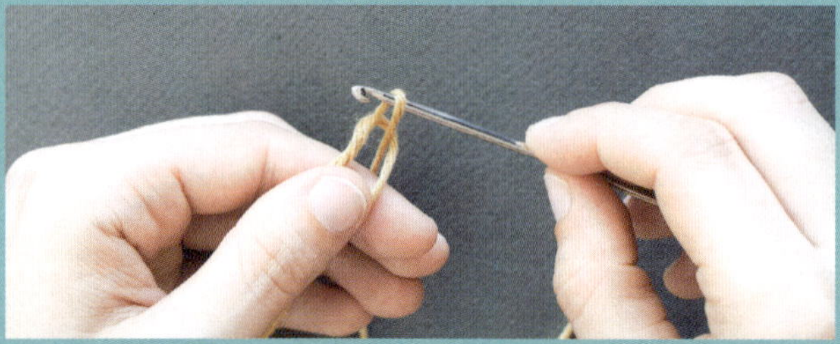

5. Faites un jeté et tirez le fil à travers le trou. Tenez toujours fermement le nœud.

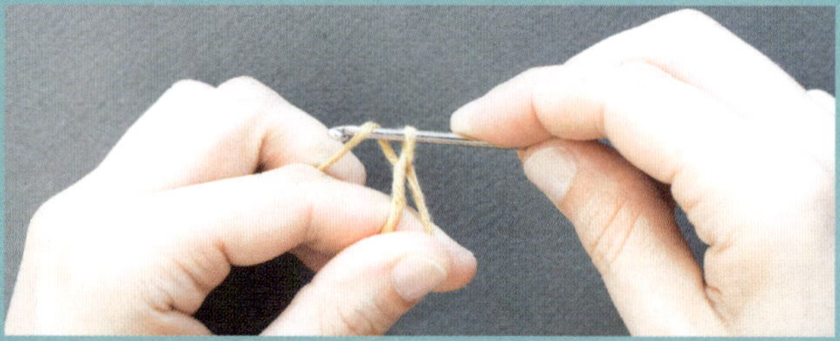

6. Faites un nouveau jeté.

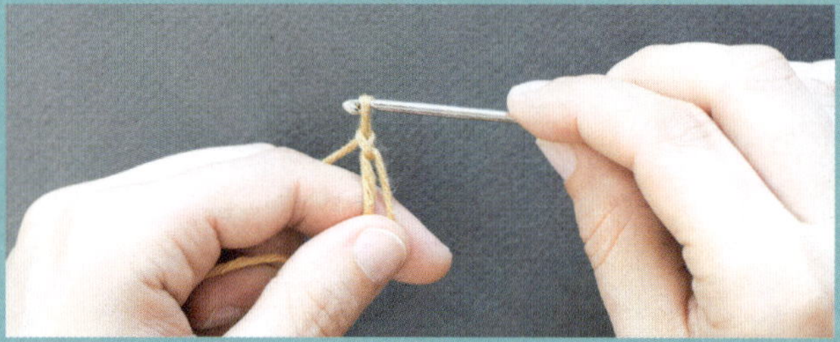

7. Tirez le fil. Cette maille en l'air permet d'ajuster le cercle et de donner de la hauteur. C'est la boucle de départ du cercle.

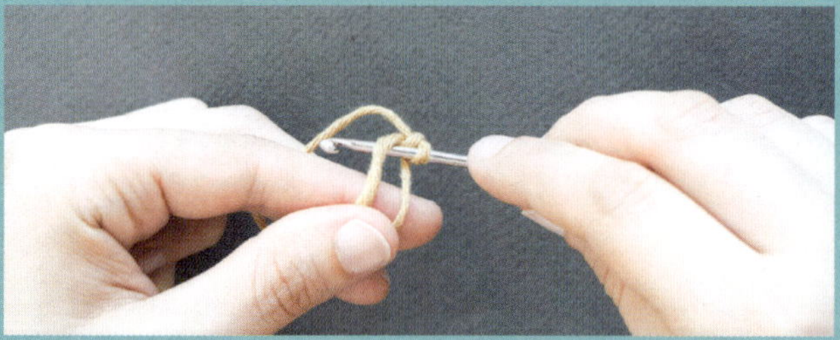

8. Réalisez la 1re maille serrée : piquez dans le trou au centre du cercle.

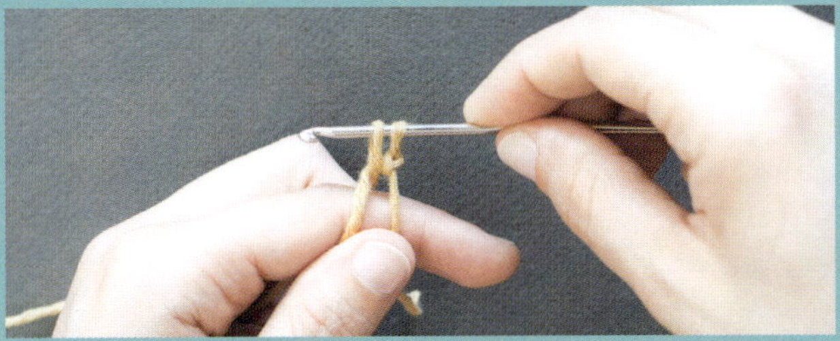

9. Faites un jeté et ramenez le fil à travers la boucle.

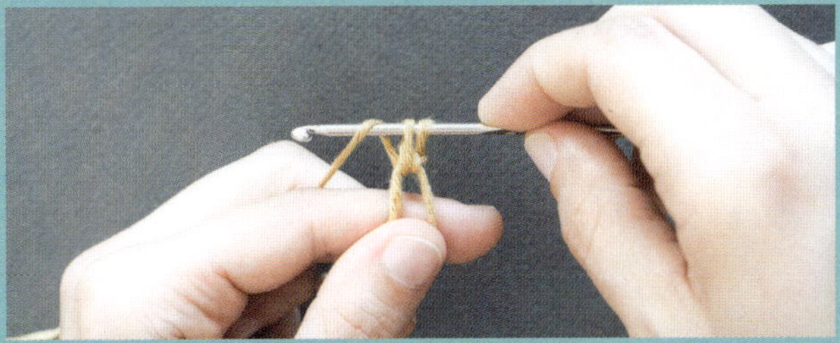

10. Faites un nouveau jeté.

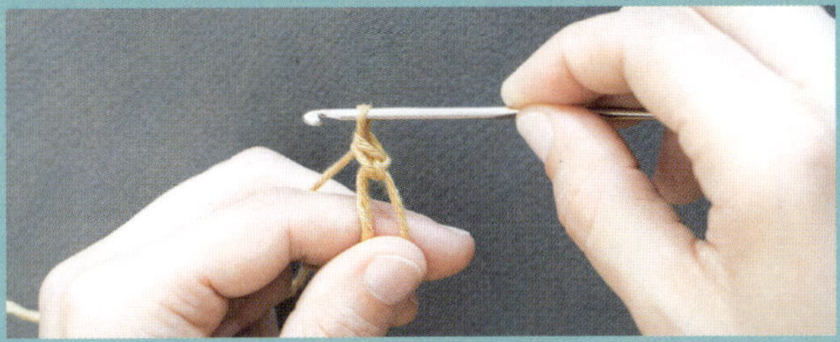

11. Tirez le fil à travers les 2 boucles. La 1re maille serrée est formée.

12. Répétez les étapes 8 à 11 autant de fois que cela est indiqué dans le tuto (ici, 6 mailles serrées).

13. Tirez le brin le plus court afin de resserrer le cercle.

14. Faites une maille coulée dans la 1re maille serrée pour refermer le cercle – ce n'est pas obligatoire.

15. Un cercle magique terminé. Et sans trou au milieu !

AUGMENTATIONS

Augmenter signifie crocheter plusieurs mailles identiques, généralement deux si le tuto ne précise rien de plus – sinon, le nombre est indiqué –, dans une même maille. Les augmentations de plus de deux mailles s'effectuent essentiellement à la fin d'un tour pour tourner.

1. Quand il est indiqué « augmentation », faites la 1re maille (ici, une maille serrée).

2. Faites une 2nde maille (ici, une autre maille serrée) en piquant au même endroit.

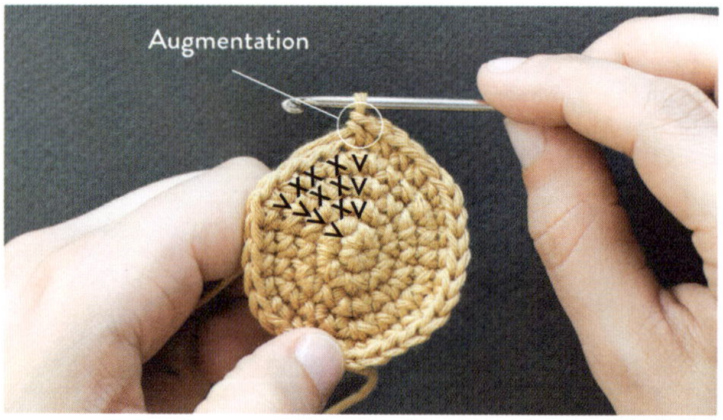

V : augmentation = 2 mailles serrées réalisées dans la même maille.
X : maille serrée = 1 maille serrée dans la maille du tour précédent.

DIMINUTION EN MAILLES SERRÉES

Lorsqu'on crochète des vêtements ou des couvertures, il est fréquent de « sauter » une maille (c'est-à-dire que l'on ne la crochète pas) pour réaliser une diminution (et ainsi obtenir moins de mailles qu'au tour précédent). Mais cette technique n'est pas recommandée quand on crochète des personnages, car un petit trou se forme alors.

La technique que je préconise consiste à crocheter la 1re maille sans la fermer, puis la 2nde de la même manière, pour enfin, à l'aide d'un dernier jeté, les fermer ensemble. Pour ne laisser aucun trou, vous devez tirer sur le fil ou bien ajuster la maille qui suit la diminution.

1. Piquez dans la maille où vous allez réaliser la diminution. Faites un jeté et tirez le fil à travers la maille.

2. Il y a 2 boucles sur le crochet.

3. Sans fermer la maille, piquez le crochet dans la maille suivante. Il y a 3 boucles sur le crochet.

4. Faites un nouveau jeté.

5. Tirez le fil à travers les 3 boucles sur le crochet.

6. Pour éviter qu'il n'y ait de petit trou, serrez bien la maille suivante. Pour cela, tendez bien le fil en ramenant le 1er jeté.

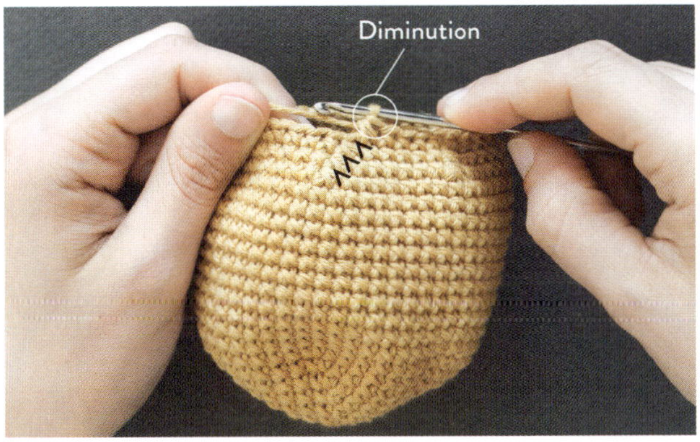

Tout comme pour les augmentations, lorsque vous fermez une sphère, toutes les diminutions se font là où il y a eu une diminution au tour précédent : une ligne se dessine alors.

TRAVAILLER DES 2 CÔTÉS DE LA CHAÎNETTE DE BASE

Cette technique est utilisée pour crocheter des tapis ovales ou des sacs. Je l'emploie beaucoup pour réaliser le museau, les oreilles et d'autres détails de mes personnages.

1. Crochetez le nombre de mailles en l'air indiqué dans le tuto (= chaînette).

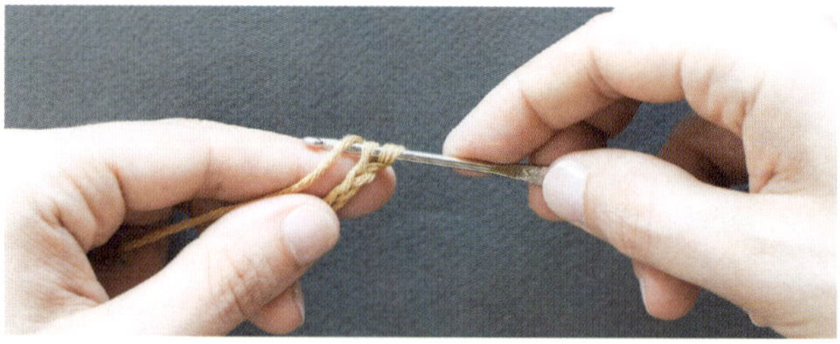

2. Faites la 1re maille (ici, une maille serrée).

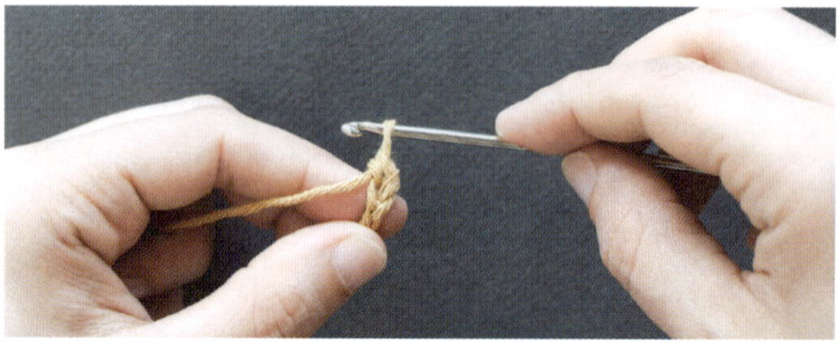

3. Crochetez une autre maille serrée en piquant au même endroit (= augmentation).

4. Faites des mailles serrées jusqu'à l'avant-dernière maille.

5. Dans la dernière maille, faites 3 ou 4 mailles serrées comme indiqué dans le tuto afin de tourner et de crocheter de l'autre côté.

6. Continuez à crocheter de l'autre côté de la chaînette, jusqu'à la fin.

7. À partir du 1er tour, continuez à crocheter en spirale en effectuant des augmentations lorsque cela est nécessaire ou en suivant les indications du tuto.

8. Ici, j'ai continué en mailles serrées pour réaliser la bouche de Jacques le singe.

CROCHETER EN ROND OU EN SPIRALE ?

Lorsqu'on crochète en rond, on ferme chaque tour par une maille coulée. Cette technique permet de repérer facilement le début de chaque tour. Mais, selon moi, ce n'est pas la plus adaptée pour crocheter des personnages, car elle laisse une ligne telle une cicatrice. L'idéal est donc de crocheter en spirale : les tours ne sont alors jamais fermés par une maille coulée, ce qui rend impossible le repérage du début du tour – c'est pourquoi l'anneau marqueur est dans ce cas indispensable.

1. À partir d'un cercle magique (qui est le 1er tour), continuez à crocheter comme indiqué dans le tuto, sans fermer les tours.

2. Deuxième tour : toutes les mailles présentent une augmentation, car je crochète une tête.

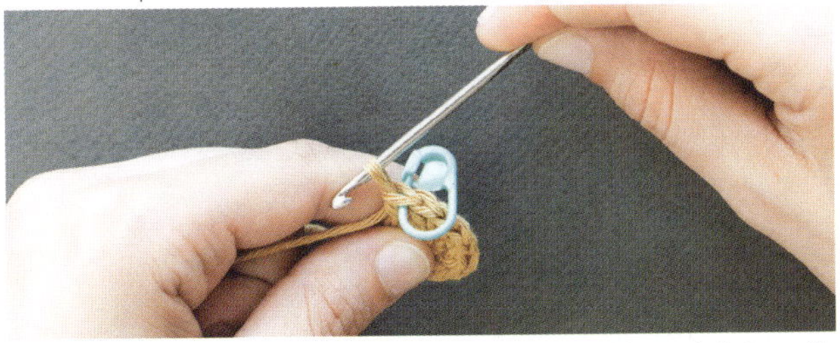

3. N'oubliez pas l'anneau marqueur : placez-le sous les 2 brins de la 1re maille de chaque tour.

4. Crochetez comme indiqué dans le tuto, sans fermer les tours. N'oubliez pas de repositionner l'anneau marqueur.

5. Au fil des tours et des augmentations, le diamètre du cercle augmente. Vu que j'ai commencé par 6 mailles serrées et que j'ai réalisé 6 augmentations à chaque tour, la forme est celle d'un hexagone.

6. Une fois les augmentations terminées, crochetez les mailles normalement, sans augmentation ni diminution.

7. En continuant de la sorte, vous crochetez en spirale. Vous obtenez alors la (future) tête d'un personnage ou bien un bol.

CHANGER DE PELOTE OU DE COULEUR

Pour changer de couleur, vous devez fermer la dernière maille que vous crochetez avec la nouvelle couleur. La maille suivante sera alors réalisée avec cette dernière. Cette technique permet également de changer de pelote – vérifiez toujours que le nœud de raccord soit bien à l'intérieur de l'ouvrage.

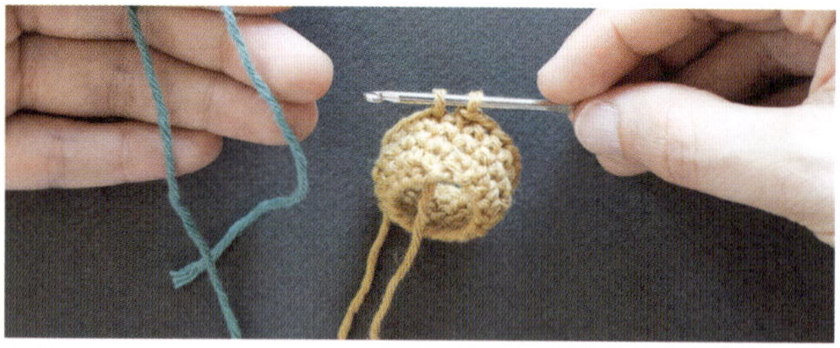

1. Crochetez la 1re partie de la maille serrée (1er jeté) avec la couleur 1 (celle utilisée jusqu'alors).

2. Fermez la maille serrée (2e jeté) avec la couleur 2 (la nouvelle).

3. La maille sera de la couleur 1 et les suivantes de la couleur 2.

4. En général, je noue les 2 fils à l'intérieur pour qu'aucun ne s'échappe. Si vous crochetez par la suite la couleur 1, ne coupez pas le fil !

5. Faites la maille suivante avec la couleur 2.

6. 1re maille serrée crochetée dans la nouvelle couleur.

ARRÊTER LE TRAVAIL

Une fois la pièce terminée, coupez le fil en laissant 15 cm au minimum (étape 1) pour la coudre. Cette longueur dépend du nombre de points nécessaires à la couture. Tirez enfin sur la boucle qui est sur le crochet pour que le fil sorte (étapes 2 à 4). Avec cette technique, nul besoin d'un nœud ou d'ajouter un fil pour arrêter le travail et coudre la pièce qui ne se décrochetera pas.

1. Coupez.

2. Tirez.

3. Tirez encore.

4. La pièce est prête à être cousue.

Soyez fier de vos erreurs et apprenez d'elles.
Et, surtout, n'ayez pas peur d'en faire !
Il est préférable de se tromper plutôt
que de ne rien entreprendre par peur de mal faire.

Comment lire un tuto ?

Comme les grands musiciens qui ont révolutionné le monde sans savoir lire une note, ou les cuisiniers qui font des merveilles sans connaître les appellations des plats de la cuisine française, vous pouvez maîtriser l'art du crochet sans jamais avoir besoin de savoir lire un tuto ou un diagramme, ni même de connaître le nom des points. Comme souvent, le plus important c'est la pratique ! Le langage vient ensuite.

J'ai moi-même crocheté pendant des années sans nommer un seul point. C'est seulement que quelque temps plus tard que j'ai éprouvé le besoin de comprendre le langage du crochet, quand l'envie m'est venue de noter ce que je réalisais.

Comme toute activité, le crochet a son propre langage. Et comme tout langage, il a ses régionalismes. Par exemple, bien que tous deux s'écrivent en français, les tutos québécois et français sont bien différents. Il en est de même pour l'anglais, l'espagnol et le portugais – puisqu'il existe plusieurs variantes pour chaque langue –, et certainement pour bien d'autres langues.

Voici un guide qui résume, selon les langues, les points, abréviations et symboles les plus couramment utilisés pour la réalisation de personnages.

Salomón grande

TABLEAU INTERNATIONAL DES TERMES DE CROCHET

FRANCE	ÉTATS-UNIS	ROYAUME-UNI	ESPAGNE	PORTUGAL	AMÉRIQUE LATINE	SYMBOLES (diagrammes)
maille (m)	stitch (st)	stitch (st)	punto (p/pt)	ponto (p/pt)	punto (p/pt)	
maille en l'air ou chaînette (m.l.)	chain (ch)	chain (ch)	cadeneta (c/cad)	malha de cordão	cadena (c/cad)	⬭
maille coulée (m.c.)	slip stitch (sl st)	single crochet (sc)/slip stitch (sl st)	punto raso/enano (pr/pe)	ponto de cadeia	punto corrido/ pasado (pc/pp)	●
maille serrée (m.s.)	single crochet (sc)	double crochet (dc)	punto bajo (pb)	malha baixa	medio punto (mp)	X / +
demi-bride (demi-br.)	half double crochet (hdc)	half treble crochet (htr)	punto alto medio (pma)	meio pau	media vareta (mv/pmv)	T
bride (br.)	double crochet (dc)	treble (tr)	punto alto (pa)	pau	vareta (v/pv)	Ŧ
point pop-corn	bobble stitch		punto piña		punto mota/piña	[illegible]
augmentation (augm.)	increase (inc)	increase (inc)	aumento (aum)	aumento	aumento (aum)	V
diminution (dim.)	decrease (dec)	decrease (dec)	disminución (dism)	diminuição	disminución (dism)	Λ
rang/tour	row/round	row/round	hilera/vuelta/ carrera/ronda	fila/ronda/carreira	hilera/vuelta/car-rera/ronda	
anneau/cercle	ring	ring	anillo	anel/argola	anillo	ђ

COMPRENDRE LES TUTOS

RANGS OU TOURS ?

Un rang est une ligne de mailles horizontale. Lorsque vous travaillez en rangs, vous crochetez en « aller-retour », en retournant l'ouvrage à la fin de chaque rang – cela nécessite de crocheter des mailles en l'air pour tourner qui sont fonction du point utilisé.

Lorsqu'on travaille en rond, il n'est alors plus question de rang mais de tour – on tourne autour d'un cercle.

Dans les tutos, j'utilise indifféremment, pour simplifier, le terme « tour » pour parler du rang ou du tour.

RÉPÉTER

Quand il est précisé « répéter » dans un tuto, vous devez réaliser un motif ou une séquence de mailles – placés entre astérisques ou crochets selon les ouvrages – sur tout un rang/tour ou tout au long de l'ouvrage.

Selon les ouvrages, cette consigne est indiquée de différentes manières : « répétez de ... à ... », « répétez les ... »... Voici des exemples.

- **Avec des crochets.** *6 m.s., [1 m.s., 1 augm.]. Répétez encore 2 fois :* vous devez crocheter 6 mailles serrées puis la séquence entre crochets qui sera répétée 2 fois ;
- **Avec des astérisques.** *6 m.s., *1 m.s., 1 aug.*, répétez encore 3 fois de * à * :* dans ce cas, la séquence doit être répétée 4 fois au total. C'est cette formulation que j'ai choisie dans mes tutos.

Si le nombre de répétitions n'est pas précisé, c'est que cette séquence doit être réalisée jusqu'à la fin du rang/tour.

PARENTHÈSES

Les parenthèses fournissent des informations complémentaires comme le nombre de mailles total du rang/tour.

Sachez qu'il existe plusieurs manières d'écrire des tutos, et certains termes peuvent donc varier d'un livre à l'autre. Dans ce cas, aidez-vous du glossaire avant de commencer.

EXPLICATIONS POUR UN OUVRAGE EN 3D

Voici les explications proposées pour un ouvrage en 3D, comme une sphère ou la tête d'un personnage.

Les « quartiers » de la sphère sont représentés de la même façon que la Terre sur un planisphère. Des tours 1 à 8, il y a des augmentations ; des tours 9 à 14, il n'y a ni augmentation ni diminution ; des tours 15 à 21, il y a des diminutions.

3	X V	X V	X V	X V	X V	X V
4	X X V	X X V	X X V	X X V	X X V	X X V
5	X X X V	X X X V	X X X V	X X X V	X X X V	X X X V
6	X X X X V	X X X X V	X X X X V	X X X X V	X X X X V	X X X X V
7	X X X X X V	X X X X X V	X X X X X V	X X X X X V	X X X X X V	X X X X X V
8	X X X X X X V	X X X X X X V	X X X X X X V	X X X X X X V	X X X X X X V	X X X X X X V
9-14	X X X X X X X X	X X X X X X X X	X X X X X X X X	X X X X X X X X	X X X X X X X X	X X X X X X X X
15	X X X X X X Λ	X X X X X X Λ	X X X X X X Λ	X X X X X X Λ	X X X X X X Λ	X X X X X X Λ
16	X X X X X Λ	X X X X X Λ	X X X X X Λ	X X X X X Λ	X X X X X Λ	X X X X X Λ
17	X X X X Λ	X X X X Λ	X X X X Λ	X X X X Λ	X X X X Λ	X X X X Λ
18	X X X Λ	X X X Λ	X X X Λ	X X X Λ	X X X Λ	X X X Λ
19	X X Λ	X X Λ	X X Λ	X X Λ	X X Λ	X X Λ
20	X Λ	X Λ	X Λ	X Λ	X Λ	X Λ
21	Λ	Λ	Λ	Λ	Λ	Λ

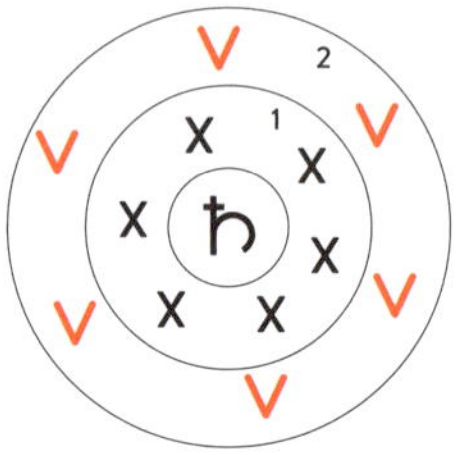

ħ Cercle magique (début)
X Maille serrée
V Augmenter
Λ Diminuer

Tour 1	6 mailles (cercle magique)
Tour 2	12 mailles
Tour 3	18 mailles
Tour 4	24 mailles
Tour 5	30 mailles
Tour 6	36 mailles
Tour 7	42 mailles
Tour 8	48 mailles
Tours 9-14	48 mailles
Tour 15	42 mailles
Tour 16	36 mailles
Tour 17	30 mailles
Tour 18	24 mailles
Tour 19	18 mailles
Tour 20	12 mailles
Tour 21	6 mailles

DIAGRAMME

Avec un diagramme, les explications sont présentées sous forme de schéma ou de dessin. Il s'agit d'un plan avec les symboles standards du crochet (voir p. 48), souvent accompagné d'un texte descriptif.

Une fois la frayeur du début passée, c'est pour moi la manière la plus simple de suivre un tuto à plat (de crochet ou de tricot), car il est ainsi facile de visualiser la forme du point et/ou de l'ouvrage terminé. Son plus grand avantage est que l'on peut le lire quelle que soit la langue d'origine de son auteur. Il est donc essentiel de savoir les interpréter.

En revanche, pour les ouvrages 3D, il ne me semble pas du tout adapté. Je crois qu'on l'utilise alors plus par habitude...

Sur un diagramme, chaque symbole précise une maille que l'on pique dans la maille de base indiquée (du tour précédent, de la chaînette de base ou de l'anneau/cercle).

EN ALLER-RETOUR

Le diagramme commence par la chaînette de base. Les rangs se lisent de bas en haut. Les rangs du côté endroit de l'ouvrage (impairs) se lisent de droite à gauche, et ceux du côté envers (pairs) de gauche à droite.

EN ROND ET EN SPIRALE

Le diagramme commence par un anneau de base (cercle magique ou mailles en l'air) sur lequel on crochète le 1er tour.

On le lit du centre vers l'extérieur et dans le sens contraire des aiguilles d'une montre.

TUTO PAS À PAS

Ce type de tuto est très fréquent chez les Anglo-Saxons. Les rangs/tours sont expliqués pas à pas. C'est donc le plus facile à suivre si vous êtes débutant. Mais il s'avère aussi très ennuyeux une fois que vous êtes plus à l'aise en crochet.

TUTO ABRÉGÉ

Le principe est le même que pour le type de tuto précédent, mais il emploie seulement des abréviations. Il est très simple à suivre et surtout moins répétitif.

TUTO AVEC DES SYMBOLES

Il est à mi-chemin entre le tuto abrégé et le diagramme. Les rangs/tours sont expliqués grâce aux symboles des diagrammes. On le retrouve surtout dans les magazines. Si vous souhaitez écrire vos propres tutos, il est parfait.

TABLEAU COMPARATIF DES EXPLICATIONS AU CROCHET

TUTO DESCRIPTIF	TUTO ABRÉGÉ	TUTO AVEC DES SYMBOLES
Tour 1 : crochetez un cercle magique de 6 m.s. (6 m.s.).	**Tour 1 :** anneau de 6 m.s. (6 m.).	**Tr 1 :** 6 ∅.
Tour 2 : crochetez 2 m.s. dans chaque m. (= augmentation). Il reste au total 12 m.s.	**Tour 2 :** * 1 augm. dans chaque m.* (12 m.).	**Tr 2 :** V (12).
Tour 3 : *crochetez 1 m.s., crochetez 1 augm. dans la m. suivante*, répétez jusqu'à la fin du tour. Il reste au total 18 m.s.	**Tour 3 :** *1 m.s., 1 augm.*, répétez encore 5 fois (18 m.).	**Tr 3 :** *1X, 1V* (18).
Tour 4 : *crochetez 1 m.s., crochetez 1 augm. dans la m. suivante*, répétez jusqu'à la fin du tour. Il reste au total 24 m.s.	**Tour 4 :** *2 m.s., 1 augm.*, répétez encore 5 fois (24 m.).	**Tr 4 :** *2X, 1V* (24).
Tours 5 à 10 : crochetez le tour comme il se présente, sans augm. ni dim. Chaque tour doit avoir au total 24 m.s.	**Tours 5 à 10 :** 24 m.s. [1 m.s. dans chaque m.] (24 m.).	**Tr 5-10 :** X (24).
Tour 11 : * crochetez 2 m.s., crochetez 1 dim. en fermant ensemble 2 m.s.*, répétez jusqu'à la fin du tour. Il reste au total 18 m.s.	**Tour 11 :** *2 m.s., 1 dim.* (18 m.).	**Tr 11 :***2X, 1 Λ* (18).

Quelle que soit la manière dont le tuto est présenté, lisez toujours l'ensemble des explications avant de vous mettre à l'ouvrage.

Crochet 3D

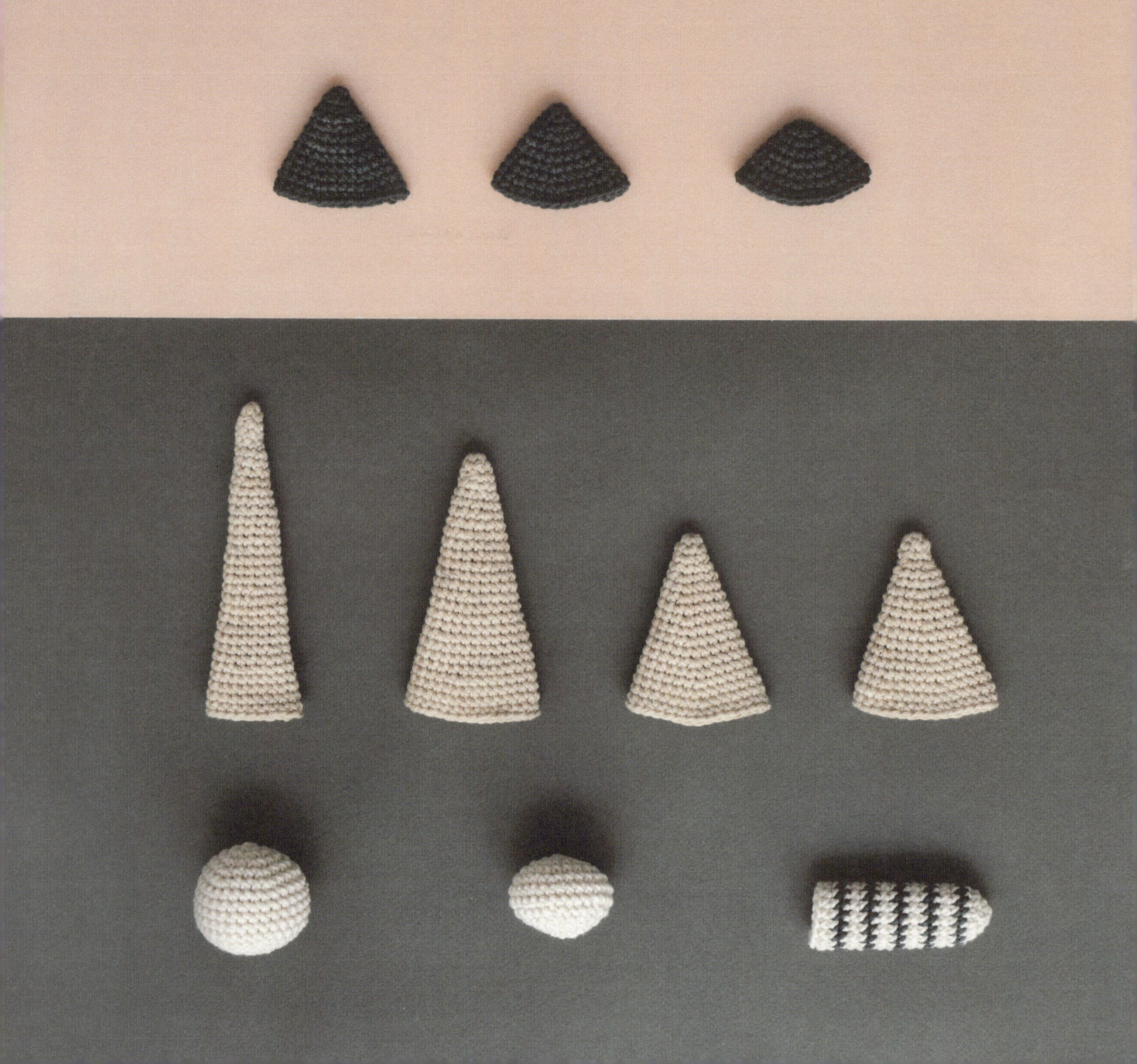

ANATOMIE D'UN PERSONNAGE AU CROCHET

Je ne me souviens plus quand j'ai commencé à dessiner, mais je sais seulement que je ne me suis jamais arrêtée. J'ai d'ailleurs pris quelques cours d'anatomie humaine à l'université. Bien que je ne sache pas encore esquisser un portrait comme je l'aimerais et que j'aie beaucoup de mal à dessiner les mains et les pieds, j'ai appris quelque chose qui me sert beaucoup aujourd'hui : il faut commencer par la base. Et dans le cas de personnages au crochet, ce sont des formes simples qui la constituent.

Tel est mon « grand secret » : toutes mes réalisations sont élaborées à partir d'une ou plusieurs combinaisons de formes de base qui se crochètent toujours de la même manière. Grâce à elles, vous pourrez crocheter tous les personnages qui peuplent votre imaginaire !

L'essentiel, dans la construction des formes, réside dans l'association des augmentations et des diminutions.

ROND ET SPHÈRE

Pour la tête, le corps, les jambes, les pattes, les bras, les cornes...

Leur diamètre dépend uniquement du nombre de tours avec des augmentations réalisés au début de l'ouvrage. À partir de ce diamètre, selon le nombre de tours effectués avec le même nombre de mailles, vous pourrez créer des formes sphériques, ovales (quelques tours) ou cylindriques (beaucoup, beaucoup de tours).

TUTO DE BASE :

Tour 1 : crochetez un cercle de 6 m.s. (6 m.).
Tour 2 : 1 augm. dans chaque m. (12 m.).
Tour 3 : *1 m.s., 1 augm.*, répétez encore 5 fois de * à * (18 m.).
Tour 4 : *2 m.s., 1 augm.*, répétez encore 5 fois de * à * (24 m.).
Tour 5 : *3 m.s., 1 augm.*, répétez encore 5 fois de * à * (30 m.).
La forme obtenue est un hexagone. Pour crocheter un rond, réalisez un tour supplémentaire sans augmentations. Sinon, vous pouvez les crocheter aléatoirement.
Tours 6 à 10 : 1 m.s. dans chaque m. (30 m.).
Tour 11 : *3 m.s., 1 dim.*, répétez encore 5 fois de * à * (24 m.).
Tour 12 : *2 m.s., 1 dim.*, répétez encore 5 fois de * à * (18 m.).
Tour 13 : *1 m.s., 1 dim.*, répétez encore 5 fois de * à * (12 m.).
Tour 14 : 6 dim. (6 m.).

TRIANGLE ET CÔNE

Pour les oreilles, le museau, les cornes, le bec, les jambes, les pattes...

Pour les crocheter, répétez la formule suivante.
1 Un tour avec des augmentations.
2 Un tour avec le même nombre de mailles que le tour précédent.

Continuez ainsi autant que nécessaire. Il est également possible de varier, par exemple en répétant plusieurs fois le 2nd tour ; vous obtiendrez ainsi des cônes plus pointus.

TUTO DE BASE :

Tour 1 : crochetez un cercle de 5 m.s. (5 m.).
Tour 2 : 1 m.s. dans chaque m. (5 m.).
Tour 3 : 1 augm. dans chaque m. (10 m.).
Tour 4 : 1 m.s. dans chaque m. (10 m.).
Tour 5 : *1 m.s., 1 augm.*, répétez encore 4 fois de * à * (15 m.).
Tour 6 : 1 m.s. dans chaque m. (15 m.).

OVALE ET RECTANGLE

Pour la bouche (à plat), les oreilles (comme celles de l'éléphant), en association avec d'autres formes pour réaliser le corps...

Le type de forme obtenu dépendra des augmentations effectuées à l'extrémité de la chaînette de base : plus vous les espacez, plus l'ouvrage est ovale ou arrondi ; avec des augmentations les unes à la suite des autres à chaque coin, le résultat est plus rectangulaire. Tout comme pour le rond, si après la série d'augmentations vous crochetez plusieurs tours supplémentaires, vous obtenez un cylindre.

TUTO DE BASE :

Ces formes se travaillent en crochetant des 2 côtés de la chaînette de base (ici, de 8 mailles en l'air).
Tour 1 : 1 augm., 5 m.s., 4 m.s. dans la dernière m. De l'autre côté de la chaînette : 5 m.s., 1 augm. (18 m.).
Continuez à crocheter en spirale.
Tour 2 : 1 augm., 7 m.s., 2 augm., 7 m.s., 1 augm. (22 m.).
Tour 3 : 2 augm., 8 m.s., 3 augm., 8 m.s., 1 augm. (28 m.).
Tour 4 : 1 m.s. dans chaque m. (28 m.).

ASTUCE : CROCHETER LE CORPS D'UNE SEULE PIÈCE

Je n'aime pas beaucoup coudre les différentes parties d'un personnage ou bien les petites pièces. C'est pourquoi, lorsque j'ai commencé à crocheter des personnages, mon premier objectif a été de mettre au point une technique qui me permette de les réaliser en une seule pièce. Je sais bien que je n'ai pas été la première, mais, à cette époque, il était difficile de trouver des tutos – et encore moins des vidéos ! À force de crocheter et de décrocheter, le résultat obtenu a été assez encourageant !

En général, je commence par la tête – sauf si je veux faire un museau particulier, comme celui de Roberto la saucisse (voir p. 146) –, je continue avec le corps et je finis par les pattes. Et c'est là qu'il y a un piège ! Il faut crocheter en continu seulement jusqu'au bout de la 1re patte. Ensuite, vous devez couper le fil et reprendre pour crocheter la (ou les) autre(s) patte(s).

DIVISER L'OUVRAGE POUR RÉALISER DE LONGUES PATTES

1. Crochetez comme indiqué dans le tuto jusqu'à ce que vous arriviez à « Divisez l'ouvrage pour réaliser la 1re patte ». Enlevez l'anneau marqueur (vous allez le déplacer !).

2. Avec le crochet, recherchez le milieu du devant, en prenant comme point de repère le museau. Placez-y l'anneau marqueur. Chaque moitié correspondra à une patte.

3. Comptez en allant vers le dos le nombre de mailles indiqué. Si nécessaire, crochetez ou décrochetez des mailles pour arriver au chiffre exact (milieu dos).

4. À partir du milieu du dos, crochetez le nombre de mailles en l'air du tuto.

5. Joignez les mailles en l'air à l'aide d'une maille serrée au niveau du milieu du devant du personnage, à l'endroit de l'anneau marqueur.

6. Continuez à crocheter en spirale sur les mailles serrées et sur les mailles en l'air qui forment la chaînette.

7. Une fois la 1re patte rembourrée et fermée, rembourrez le corps et reprenez l'ouvrage pour crocheter la 2nde patte. Commencez par le dos.

8. Crochetez les mailles serrées correspondant à l'entrepatte en piquant sur les mêmes mailles en l'air que celles sur lesquelles vous aviez réalisé la 1re patte. Continuez de la même manière que pour la 1re patte.

DIVISER L'OUVRAGE POUR RÉALISER DES PATTES ÉCARTÉES (TYPE TOTORO)

1. Recherchez le milieu du devant, en prenant comme point de repère le museau. Marquez l'endroit où commence la 1re patte (tenez compte du fait que les pattes sont séparées par quelques mailles que l'on ne crochète pas).

2. Comptez en allant vers le dos (vers la dernière maille serrée crochetée) le nombre de mailles indiqué pour la 1re patte. Crochetez ou décrochetez des mailles si vous ne trouvez pas le bon nombre.

3. Joignez avec une maille serrée (sans mailles en l'air) la maille que vous aviez marquée comme le début de la 1re patte.

4. Continuez à crocheter en mailles serrées en spirale comme indiqué dans le tuto jusqu'au bout de la 1re patte. Fermez, rembourrez la patte et le corps.

5. Reprenez l'ouvrage en partant du dos, en tenant compte du nombre de mailles qui sépare les pattes.

6. Joignez à l'aide d'une maille serrée au début de la 2nde patte. Continuez à crocheter comme la 1re patte.

7. Les 2 pattes terminées, vérifiez le rembourrage et fermez en cousant l'ouverture.

8. Un personnage avec des pattes écartées terminé.

QUADRUPÈDE D'UNE SEULE PIÈCE

Je dois avouer que j'ai ici un peu oublié le principe des « formes simples ». Mon aversion pour la couture étant plus forte que mon amour de la simplicité, j'ai passé des semaines à chercher une solution ! Évidemment, le remède s'est avéré plus compliqué que le mal : il s'agissait de coudre dix fois plus. Mais comme le résultat m'a beaucoup plu, je l'ai gardé comme ça !

Bien évidemment, rien ne vous oblige de suivre cette méthode, et vous pouvez crocheter tous les éléments séparément pour les coudre ensuite. Mais si vous décidez de vous lancer, je vous montrerai dans ce pas à pas comment je fabrique Roberto la saucisse.

Avant de commencer à diviser les pattes – qui, en fin de compte, ne sont pas tellement différentes des cas précé-dents – j'aimerais vous montrer comment crocheter le corps de ce joli petit chien.

1. Si le tuto l'indique (généralement à la base du cou), crochetez le nombre de maille en l'air précisé.

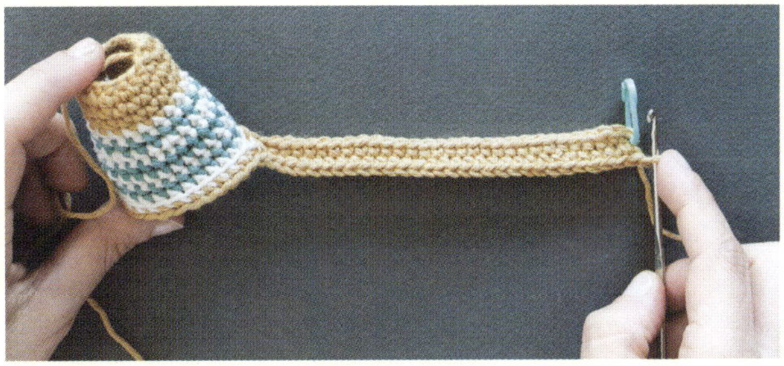

2. Déplacez l'anneau marqueur à la fin de la chaînette. Faites des mailles serrées autour des mailles en l'air et du cou.

3. Faites des mailles serrées autour du cou et de la chaînette (c'est la colonne vertébrale du chien) pour terminer le corps.

4. Placez l'anneau marqueur au début de la 1re patte (selon le tuto) et crochetez les mailles serrées correspondant à la 1re patte sur les mailles du corps.

5. Faites le nombre de mailles en l'air indiqué.

6. Faites une maille serrée pour joindre la chaînette de mailles en l'air et la maille sur laquelle se trouve l'anneau marqueur au début de la 1re patte.

7. Continuez à crocheter la patte comme indiqué (sur les mailles serrées du corps et la chaînette de mailles en l'air).

8. Terminez la 1re patte et coupez le fil en laissant une longueur suffisante pour fermer.

9. Comptez les mailles correspondant au ventre et marquez le début de la 2nde patte.

10. Crochetez comme la 1re patte (mailles serrées sur le corps, mailles en l'air, joindre, crocheter la patte).

11. Aperçu avec les quatre pattes terminées et fermées.

12. Reprenez les mailles correspondant au ventre et crochetez en aller-retour (horizontalement) le nombre de tours indiqué dans le tuto.

13. Une fois le rabat du ventre terminé, travaillez de la même manière pour crocheter les rabats entre les pattes.

14. Cousez ces rabats, en joignant chaque côté au bord de la patte correspondante.

15. Rembourrez les pattes et commencez à coudre le rabat du ventre.

16. Rembourrez le corps au fur et à mesure et complétez avant de fermer. Cousez l'ouverture entre le rabat du ventre et les pattes (avec leur rabat).

Détails

Vous pouvez être un crocheteur virtuose et créer des formes parfaites, mais si la couture finale n'est pas tout aussi réussie, le résultat ne sera pas à la hauteur.

Chacun connaît ses petites manies et le temps qu'il souhaite consacrer à chaque chose – pour ma part, je peux défaire la moitié d'un personnage pour une bouche tordue ou si j'ai sauté une maille. L'idéal est donc que vous puissiez, avec un peu de pratique et de temps, décider de l'attention que vous souhaitez accorder à la finition des détails de vos réalisations. Par contre, terminez toujours ce que vous avez commencé. Même si votre réalisation vous semble horrible, il y aura toujours quelqu'un qui l'aimera (même si c'est votre chien ou celui du voisin !). L'important est que votre création donne le sourire à quelqu'un.

BRODER LE VISAGE

Je ne connais aucun point de broderie. C'est un apprentissage que je repousse toujours à plus tard… Je maîtrise seulement, plus ou moins bien, le point arrière que j'ai appris lorsque j'étais enfant pour coudre des vêtements de poupée. Sur l'endroit, son aspect est celui d'un bâti (points simples), mais sur l'envers les points sont superposés (ce qui lui confère de la solidité). Il s'effectue de la droite vers la gauche, en piquant l'aiguille dans le tissu pour la ressortir un peu plus loin à gauche.

1. Piquez l'aiguille par l'intérieur (là où vous voulez commencer à broder).

2. Tirez sur le fil et piquez sur l'endroit dans la maille suivante.

3. Piquez par l'intérieur en sautant une maille sur la gauche.

4. Tirez sur le fil et piquez sur l'endroit dans la maille suivante sur la droite. Répétez les étapes 3 et 4 autant de fois que nécessaire.

POINT JACQUARD

On utilise cette technique pour créer des motifs – pois sur un vêtement, taches ou différences de couleurs dans le pelage d'un animal – qui alternent des fils de différentes couleurs.

Le jacquard implique généralement de suivre un diagramme qui indique le moment où vous devez effectuer un changement de couleur. Le rendu du motif dépend beaucoup de la taille de la maille. Pensez qu'elles fonctionnent comme des pixels : plus les mailles sont petites, plus le détail est précis.

1. Quand le tuto l'indique, changez de couleur. Sachez que la maille de changement sera encore de la 1re couleur.

2. Dans un motif jacquard, le changement se répète plusieurs fois. Ne coupez donc pas les fils et ils doivent être suffisamment lâches pour que l'ouvrage ne fronce pas.

3. Premier tour de jacquard.

4. Au fur et à mesure que vous crochetez, n'oubliez pas que la 1re maille du changement reste de la 1re couleur.

5. Intérieur de la tête du pingouin. Si un fil n'est pas suffisamment lâche, coupez-le, mais faites attention qu'il ne vous échappe pas !

6. Tête du pingouin jacquard terminée.

REMBOURRER

Ne rembourrez pas avec excès au risque d'étirer le point et de faire apparaître le rembourrage, mais suffisamment si vous ne voulez pas que le personnage soit trop mou et avec un air triste.

ARRÊTER LE TRAVAIL

Commencez par fermer la pièce avant de dissimuler le fil. Pour ce faire, utilisez la même aiguille que pour broder.

1. Lorsque la pièce est rembourrée, poussez avec votre doigt la ouate pour qu'elle ne vous gêne pas au moment de rabattre les mailles.

2. Terminez le dernier tour de diminutions et coupez le fil en laissant une longueur suffisante (environ 15 cm) pour réaliser quelques points.

3. Enfilez le fil sur l'aiguille et piquez de l'intérieur vers l'extérieur au milieu de chaque maille (sous les 2 brins).

4. Faites la même chose sur chacune des mailles serrées du dernier tour.

5. Une fois terminé, tirez sur le fil pour fermer l'ouverture jusqu'à ce qu'elle ne se voie plus (c'est la même technique que pour l'anneau magique).

6. Faites quelques points pour que le fil ne s'échappe pas – je ne fais pas de nœud. Coupez l'excédent et dissimulez-le à l'intérieur.

COUDRE

Du fil et une aiguille suffisent ! Mais si, comme moi, vous n'avez pas beaucoup de patience, je vais vous montrer quelques astuces pour faciliter cette tâche fastidieuse.

SUR DES PIÈCES OUVERTES

Avec ou sans rembourrage (museau, bec).

1. Avec les deux parties ouvertes et non rembourrées.

2. Pour le museau, placez-le exactement de l'autre côté de l'anneau marqueur. Évitez sur le front du personnage toute imperfection de changement de couleur, jointure...

3. Cousez le museau de l'intérieur de la tête vers l'extérieur, au point arrière (le même que pour broder).

4. Continuez à coudre en point arrière autour du museau, sans aller jusqu'à la fin.

5. Avant de terminer, rembourrez la pièce. Finissez de coudre.

6. Aperçu du museau cousu au point arrière.

SUR DES PIÈCES FERMÉES

Sur un plan ou une ligne (bras, ailes, oreilles, queue).

1. Avec la pièce terminée et rembourrée.

2. Cousez la pièce « en ligne » (en suivant la ligne des mailles), en prenant un brin de la maille du corps et en piquant sous la maille de la pièce à coudre. Ne piquez pas à l'intérieur du corps pour ne pas faire ressortir le rembourrage.

3. Continuez à coudre de la même manière des 2 côtés de la pièce.

4. Coupez le fil en laissant environ 2,5 cm et arrêtez en le dissimulant à l'intérieur du corps ou du bras.

5. Cousez de la même manière les oreilles, la queue…

6. Aperçu de l'oreille une fois cousue.

OREILLES EN FORME DE BOUTON

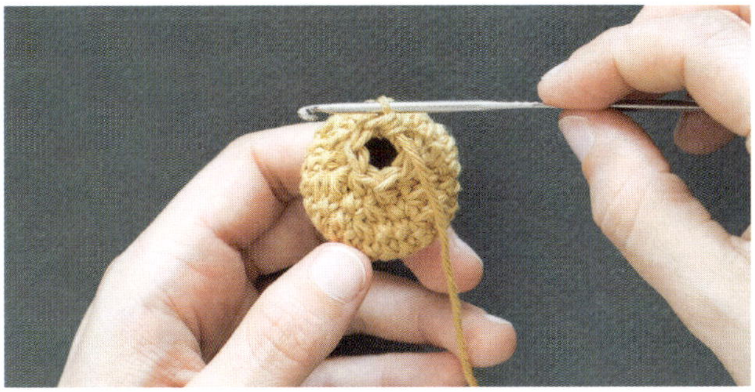

1. Crochetez l'oreille comme indiqué dans le tuto. Il s'agit d'une petite boule non rembourrée.

2. Piquez le fil au milieu de chacune des mailles du dernier tour. Fermez en fronçant. Ne rentrez pas le fil restant.

3. Continuez avec le même fil et réalisez 2 ou 3 points, en passant d'un côté et de l'autre de l'oreille pour qu'elle reste aplatie comme un bouton.

4. Repiquez le fil dans l'oreille et sortez-le par l'un des bords pour coudre l'oreille sur la tête.

Partagez vos premiers pas
et vos réalisations sur Instagram et Twitter
avec le hashtag #**mundopicapau.**

PAS À PAS

Thym, Romarin et Estragon

Ces trois amis, tendres et sympathiques, ont en commun l'une des formes les plus simples à crocheter : l'œuf. Mais le plus grand avantage de ces tutos, c'est que vous allez pouvoir mettre en pratique tout ce que vous devez savoir pour crocheter un personnage.

Ils sont parfaits à offrir. Je vous promets que sitôt votre entourage saura que vous les avez crochetés de vos mains, vous serez submergé de commandes !

Je vous présente ici trois variations sur un même tuto de base. Entraînez-vous et soyez persévérant : il y a des centaines d'animaux – ou de condiments et d'épices ! – où puiser votre inspiration.

THYM LE CANARD

Hauteur : 10 cm	Fil : coton moyen	Quantité : 30 g	Couleurs	Crochet : 2,75 mm	Autres : Rembourrage Yeux de sécurité

ROMARIN LA SOURIS

Hauteur : 10 cm	Fil : coton moyen	Quantité : 30 g	Couleurs	Crochet : 2,75 mm	Autres : Rembourrage Yeux de sécurité

ESTRAGON LE LAPIN

Hauteur : 10 cm	Fil : coton moyen	Quantité : 30 g	Couleurs	Crochet : 2,75 mm	Autres : Rembourrage Yeux de sécurité

THYM LE CANARD

Ce canard est sans doute le personnage le plus simple à crocheter. En modifiant le bec, les couleurs et en lui ajoutant une huppe de différentes plumes, crochetez tout type d'oiseaux !

BEC

Avec du fil jaune :
Tour 1 : crochetez un cercle de 5 m.s. (5 m.).
Tour 2 : 1 augm. dans chaque m. (10 m.).
Tour 3 : *1 m.s., 1 augm.*, répétez encore 4 fois de * à * (15 m.).
Tours 4 et 5 : 1 m.s. dans chaque m. (15 m.).
Ne rembourrez pas. Coupez le fil en laissant une longueur suffisante pour la couture et pour le rentrer.

Chaque fois que le tuto indique de coudre un bec ou un museau, je vous conseille de le crocheter en premier, surtout s'il est de la même couleur que la partie sur laquelle il sera cousu. Vous l'aurez ainsi à portée de main quand vous en aurez besoin.

TÊTE ET CORPS

D'un seul tenant. Le tuto du corps est le même pour les 3 personnages. Avec du fil écru :
Tour 1 : crochetez un cercle de 6 m.s. (6 m.).
Tour 2 : 1 augm. dans chaque m. (12 m.).
Tour 3 : *1 m.s., 1 augm.*, répétez encore 5 fois de * à * (18 m.).
Tour 4 : *2 m.s., 1 augm.*, répétez encore 5 fois de * à * (24 m.).
Tour 5 : *3 m.s., 1 augm.*, répétez encore 5 fois de * à * (30 m.).
Tour 6 : *4 m.s., 1 augm.*, répétez encore 5 fois de * à * (36 m.).
Tour 7 : *5 m.s., 1 augm.*, répétez encore 5 fois de * à * (42 m.).
Tours 8 à 13 : 1 m.s. dans chaque m. (42 m).
Pour crocheter le t-shirt, alternez 1 tour d'une couleur, 1 tour de l'autre.
Tour 14 : 1 m.s. dans chaque m. (42 m).
Cousez ou brodez les yeux.
Tours 15 à 20 : 1 m.s. dans chaque m. (42 m).
Avec du fil écru, crochetez en piquant sous le brin arrière – seulement si vous réalisez le t-shirt.
Tour 21 : 1 m.s. dans chaque m. (42 m).
Crochetez en piquant sous les 2 brins.
Tour 22 : 1 m.s. dans chaque m. (42 m).
Tour 23 : *5 m.s., 1 dim.*, répétez encore 5 fois de * à * (36 m.).
Tour 24 : *4 m.s., 1 dim.*, répétez encore 5 fois de * à * (30 m.).
Tour 25 : *3 m.s., 1 dim.*, répétez encore 5 fois de * à * (24 m.).
Tour 26 : *2 m.s., 1 dim.*, répétez encore 5 fois de * à * (18 m.).
Rembourrez.
Tour 27 : *1 m.s., 1 dim.*, répétez encore 5 fois de * à * (12 m.).
Tour 28 : 6 dim. (6 m.).
Coupez le fil en laissant une longueur suffisante pour le rentrer.

PATTES

Avec du fil jaune :
Tour 1 : crochetez un cercle de 5 m.s. (5 m.).
Tour 2 : 1 augm. dans chaque m. (10 m.).
Tour 3 : 1 m.s. dans chaque m. (10 m.).
Rembourrez en fonction du fil et de la tension. Coupez le fil en laissant une longueur suffisante pour la couture et pour le rentrer.

AILES

Avec du fil écru :
Tour 1 : crochetez un cercle de 6 m.s. (6 m.).
Tour 2 : 1 augm. dans chaque m. (12 m.).
Tours 3 à 5 : 1 m.s. dans chaque m. (12 m.).
Ne rembourrez pas. Coupez le fil en laissant une longueur suffisante pour la couture et pour le rentrer.

QUEUE

Avec du fil écru :
Tour 1 : crochetez un cercle de 6 m.s. (6 m.).
Tour 2 : 1 augm. dans chaque m. (12 m.).
Tour 3 : 1 m.s. dans chaque m. (12 m.).
Ne rembourrez pas. Coupez le fil en laissant une longueur suffisante pour la couture et pour le rentrer.

HUPPE

Avec du fil écru, piquez au milieu de l'anneau du début de la tête et crochetez 6 m.l. Sur cette chaînette, crochetez 5 m.c. pour revenir au début, sur la tête.

Sans couper le fil, piquez dans la même maille que celle dans laquelle vous avez commencé la chaînette précédente et crochetez une autre plume de la même manière (avec le même nombre de mailles en l'air ou plus longue). Crochetez autant de plumes que vous le souhaitez.

Thym est le sportif de la bande, il adore nager tôt le matin et manger des framboises aux flocons d'avoine. Mais il ne peut pas résister à une bonne tartine de fromage accompagnée de quelques olives.

ROMARIN LA SOURIS

Ce personnage est parfait pour apprendre à crocheter les oreilles, à broder et à coudre un museau.

MUSEAU

Avec du fil taupe :

Tour 1 : crochetez un cercle de 6 m.s. (6 m.).

Tour 2 : 1 m.s. dans chaque m. (6 m.).

Tour 3 : 1 augm. dans chaque m. (12 m.).

Rembourrez un peu. Coupez le fil en laissant une longueur suffisante pour la couture et pour le rentrer. Brodez le nez et la bouche.

CORPS ET PATTES

Avec du fil taupe, crochetez comme le corps et les pattes de Thym.

OREILLES

Avec du fil taupe :

Tour 1 : crochetez un cercle de 6 m.s. (6 m.).

Tour 2 : 1 augm. dans chaque m. (12 m.).

Tour 3 : *1 m.s., 1 augm.*, répétez encore 5 fois de * à * (18 m.).

Tours 4 à 7 : 1 m.s. dans chaque m. (18 m.).

Tour 8 : *1 m.s., 1 dim.*, répétez encore 5 fois de * à * (12 m.).

Ne rembourrez pas. Coupez le fil en laissant une longueur suffisante pour la couture et pour le rentrer. Vous pouvez broder l'intérieur, puis plier en deux les oreilles avant de les coudre afin de leur donner plus de volume.

BRAS

Avec du fil taupe :

Tour 1 : crochetez un cercle de 8 m.s. (8 m.).

Tours 2 à 5 : 1 m.s. dans chaque m (8 m.).

Rembourrez un peu. Coupez le fil en laissant une longueur suffisante pour la couture et pour le rentrer.

QUEUE

Avec du fil rose, crochetez la queue séparément ou commencez en piquant le crochet au bas du dos, comme pour la huppe de Thym. Crochetez une chaînette de 17 m.l. – piquez dans la 2e m. en partant du crochet.

Tour 1 : 16 m.c.

Coupez le fil en laissant une longueur suffisante pour la couture et pour le rentrer.

ESTRAGON LE LAPIN

Très simple, ce tuto est idéal pour s'entraîner à crocheter des tubes étroits et très longs : les oreilles !

Estragon est le monsieur Je-sais-tout de l'équipe. Il passe souvent pour quelqu'un d'un peu pédant. En réalité, c'est juste que c'est impossible pour lui de ne pas partager ses lectures. Il ne porte pas de lunettes, car il trouve ça trop banal. Mais il envisage sérieusement de se laisser pousser la barbe.

MUSEAU

Avec du fil écru :

Tour 1 : crochetez un cercle de 6 m.s. (6 m.).

Tour 2 : 1 augm. dans chaque m. (12 m.).

Tour 3 : 1 m.s. dans chaque m. (12 m.).

Rembourrez un peu. Coupez le fil en laissant une longueur suffisante pour la couture et pour le rentrer. Brodez le nez.

CORPS ET PATTES

Avec du fil écru, crochetez comme le corps et les pattes de Thym.

BRAS

Tour 1 : crochetez un cercle de 8 m.s. (8 m.).

Tours 2 à 5 : 1 m.s. dans chaque m. (8 m.).

Rembourrez un peu. Coupez le fil en laissant une longueur suffisante pour la couture et pour le rentrer.

OREILLES

Avec du fil écru :

Tour 1 : crochetez un cercle de 8 m.s. (8 m.).

Tours 2 à 12 : 1 m.s. dans chaque m. (8 m.).

Ne rembourrez pas. Coupez le fil en laissant une longueur suffisante pour la couture et pour le rentrer.

QUEUE

Avec du fil écru :

Tour 1 : crochetez un cercle de 6 m.s. (6 m.).

Tour 2 : 1 m.s. dans chaque m. (6 m.).

Ne rembourrez pas. Coupez le fil en laissant une longueur suffisante pour la couture et pour le rentrer.

Pépé et Tito

Pépé et Tito se sont rencontrés dans un bal masqué alors qu'ils étaient à la maternelle. Depuis, les deux amis sont inséparables et ils ne rateraient pour rien au monde un festival de BD ou de séries de science-fiction.

Je les appelle affectueusement mes « petites boules », car je ne vois pas comment décrire autrement leur forme. J'ai beaucoup d'affection pour eux, car ce sont les premiers personnages que j'ai crochetés pratiquement d'un seul tenant : une tête qui devient corps et pattes.

PÉPÉ L'OURS

Hauteur : 12 cm	Fil : coton moyen	Quantité : 40 g	Couleurs :	Crochet : 2,75 mm	Autres : Rembourrage Yeux de sécurité

TITO LE HAMSTER

Hauteur : 12 cm	Fil : coton moyen	Quantité : 40 g	Couleurs :	Crochet : 2,75 mm	Autres : Rembourrage Yeux de sécurité

PÉPÉ L'OURS

TÊTE, CORPS ET PATTES

D'un seul tenant. Avec du fil marron clair :
Tour 1 : crochetez un cercle de 6 m.s. (6 m.).
Tour 2 : 1 augm. dans chaque m. (12 m.).
Tour 3 : *1 m.s., 1 augm.*, répétez encore 5 fois de * à * (18 m.).
Tour 4 : *2 m.s., 1 augm.*, répétez encore 5 fois de * à * (24 m.).
Tour 5 : *3 m.s., 1 augm.*, répétez encore 5 fois de * à * (30 m.).
Tour 6 : *4 m.s., 1 augm.*, répétez encore 5 fois de * à * (36 m.).
Tour 7 : *5 m.s., 1 augm.*, répétez encore 5 fois de * à * (42 m.).
Tours 8 à 19 : 1 m.s. dans chaque m. (42 m.).
Brodez le nez et la bouche. Fixez ou brodez les yeux.
Pour crocheter le t-shirt, alternez 1 tour d'une couleur, 1 tour de l'autre.
Tours 20 à 22 : 1 m.s. dans chaque m. (42 m.).

1RE PATTE

Divisez l'ouvrage pour réaliser la 1re patte. Marquez le milieu du devant du personnage, en prenant comme référence l'emplacement du museau. Pour cela, descendez jusqu'au dernier tour et placez l'anneau marqueur. Comptez 21 m.s. vers la gauche, en allant vers le dos. À partir de la 21e maille, crochetez 4 m.l. et réalisez 1 m.s. dans la maille où il y a l'anneau marqueur pour fermer. Cette m.s. de jointure est la 1re maille du tour 1 de la patte.

Comme l'idée est de diviser l'ouvrage en deux, avec comme référence la tête pour que tout soit bien droit, il est probable que vous soyez obligé de crocheter des mailles supplémentaires ou d'en décrocheter certaines pour arriver exactement au milieu du dos.

Continuez à crocheter avec les couleurs du t-shirt.
Tours 23 et 24 : 1 m.s. dans chaque m. (25 m.).
Avec la couleur du corps, crochetez en piquant sous le brin arrière – seulement si vous réalisez le t-shirt.
Tour 25 : 1 m.s. dans chaque m. (25 m.).
Crochetez en piquant sous les 2 brins.
Tour 26 : 1 m.s. dans chaque m. (25 m.).
Tour 27 : *3 m.s., 1 dim.*, répétez encore 4 fois de * à * (20 m.).
Tour 28 : *2 m.s., 1 dim.*, répétez encore 4 fois de * à * (15 m.).
Tour 29 : *1 m.s., 1 dim.*, répétez encore 4 fois de * à * (10 m.).
Tour 30 : 5 dim. (5 m.).
Rembourrez le corps et la 1re patte. Coupez le fil en laissant une longueur suffisante pour le rentrer.

2NDE PATTE

Reprenez l'ouvrage à partir du milieu du dos. Crochetez 21 m.s. sur l'autre moitié ; crochetez aussi 4 m.s. sur la même chaînette que celle réalisée pour la 1re patte. Continuez à crocheter de la même manière qu'à partir du tour 23 de la 1re patte.
Rembourrez la 2nde patte, fermez en fronçant et rentrez le fil.

BRAS

Avec du fil marron clair :
Tour 1 : crochetez un cercle de 5 m.s. (5 m.).
Tour 2 : 1 augm. dans chaque m. (10 m.).
Tours 3 à 5 : 1 m.s. dans chaque m. (10 m.).
Rembourrez un peu si vous le désirez. Coupez le fil en laissant une longueur suffisante pour la couture et pour le rentrer.

OREILLES

Avec du fil marron clair :
Tour 1 : crochetez un cercle de 6 m.s. (6 m.).
Tour 2 : 1 augm. dans chaque m. (12 m.).
Tours 3 et 4 : 1 m.s. dans chaque m. (12 m.).
Ne rembourrez pas. Coupez le fil en laissant une longueur suffisante pour la couture et pour le rentrer. Vous pouvez broder quelques détails si vous le souhaitez.

QUEUE

Avec du fil marron clair :
Tour 1 : crochetez un cercle de 5 m.s. (5 m.).
Tour 2 : 1 m.s. dans chaque m. (5 m.).
Ne rembourrez pas. Coupez le fil en laissant une longueur suffisante pour la couture et pour le rentrer.

Lorsque vous divisez l'ouvrage de cette manière, il reste souvent un espace à la jointure des deux parties. Vous pouvez le fermer en faisant un point. Pour ce qui est de l'espace dans le dos, comme tous ces animaux ont une queue, il suffit de la fixer à cet endroit pour dissimuler le petit trou et le tour est joué !

TITO LE HAMSTER

Il se crochète comme Pépé. La seule différence est son short qui commence au tour 17.

BRAS

Avec du fil beige :

Tour 1 : crochetez un cercle de 4 m.s. (4 m.).

Tour 2 : 1 augm. dans chaque m. (8 m.).

Tour 3 : 1 m.s. dans chaque m. (8 m.).

Tour 4 : *1 m.s., 1 dim.*, répétez encore 1 fois de * à *, 2 m.s. (6 m.).

Tours 5 à 8 : 1 m.s. dans chaque m. (6 m.).

Avec ou sans rembourrage – tout dépend du fil et de la taille des mailles. Coupez le fil en laissant une longueur suffisante pour la couture et pour le rentrer.

OREILLES

Avec du fil beige :

Tour 1 : crochetez un cercle de 6 m.s. (6 m.).

Tour 2 : 1 augm. dans chaque m. (12 m.).

Tour 3 : 1 m.s. dans chaque m. (12 m.).

Ne rembourrez pas. Coupez le fil en laissant une longueur suffisante pour la couture et pour le rentrer.

QUEUE

Avec du fil beige :

Tour 1 : crochetez un cercle de 4 m.s. (4 m.).

Tours 2 et 3 : 1 m.s. dans chaque m. (4 m.).

Ne rembourrez pas. Coupez le fil en laissant une longueur suffisante pour la couture et pour le rentrer.

Priscilla Margot Godzilla

C'est un grand honneur pour moi de vous présenter Priscilla Margot, la reine du Pacifique. Dans la même veine que les tutos de Pépé et Tito, elle est cependant deux fois plus grande et nécessite deux fois plus de rembourrage. C'est l'un des personnages préférés de mes enfants. Je la crochète généralement d'une seule couleur et en différentes tailles – réalisez-en un modèle réduit en suivant le tuto de Pépé.

Le grand avantage de la demoiselle est que, grâce à elle, vous pourrez vous entraîner à la couture des différentes parties. Selon moi, plus une pièce est grande, plus il est simple de bien la coudre.

Mais elle présente un défi de taille : son pouce, réalisé au point pop-corn.

Hauteur : 21 cm

Fil : coton moyen

Quantité : 70 g

Couleurs :

Crochet : 2,75 mm

Autres :
Rembourrage
Yeux de sécurité

TÊTE, CORPS ET PATTES

D'un seul tenant. Avec du fil vert :
Tour 1 : crochetez un cercle de 6 m.s. (6 m.).
Tour 2 : 1 augm. dans chaque m. (12 m.).
Tour 3 : *1 m.s., 1 augm.*, répétez encore 5 fois de * à * (18 m.).
Tour 4 : *2 m.s., 1 augm.*, répétez encore 5 fois de * à * (24 m.).
Tour 5 : *3 m.s., 1 augm.*, répétez encore 5 fois de * à * (30 m.).
Tour 6 : *4 m.s., 1 augm.*, répétez encore 5 fois de * à * (36 m.).
Tour 7 : *5 m.s., 1 augm.*, répétez encore 5 fois de * à * (42 m.).
Tour 8 : *6 m.s., 1 augm.*, répétez encore 5 fois de * à * (48 m.).
Tour 9 : *7 m.s., 1 augm.*, répétez encore 5 fois de * à * (54 m.).
Tour 10 : *8 m.s., 1 augm.*, répétez encore 5 fois de * à * (60 m.).
Tours 11 à 22 : 1 m.s. dans chaque m. (60 m.).
Pour crocheter le t-shirt, alternez 1 tour d'une couleur, 1 tour de l'autre, plus une 3e au dernier tour.
Tours 23 à 30 : 1 m.s. dans chaque m. (60 m.).
Avec la couleur du corps, crochetez en piquant seulement dans le brin arrière – seulement si vous réalisez le t-shirt.
Tour 31 : 1 m.s. dans chaque m. (60 m.).
Crochetez en piquant sous les 2 brins.
Tour 32 : 1 m.s. dans chaque m. (60 m.).
Brodez la bouche. Fixez ou brodez les yeux.

1RE PATTE

Divisez l'ouvrage pour réaliser la 1re patte. Marquez le milieu du devant du personnage, en prenant comme référence l'emplacement de la bouche. Pour cela, descendez jusqu'au dernier tour et placez l'anneau marqueur. Comptez 30 m.s. vers la gauche, en allant vers le dos. À partir de la 30e maille, crochetez 10 m.l. et réalisez 1 m.s. dans la maille où il y a l'anneau marqueur pour fermer. Cette m.s. de jointure est la 1re maille du tour 1 de la patte.
Tour 33 : 1 m.s. dans chaque m., puis 10 m.s. sur chaque m.l. (40 m.).
Tours 34 à 39 : 1 m.s. dans chaque m. (40 m.).
Tour 40 : *6 m.s., 1 dim.*, répétez encore 4 fois de * à * (35 m.).
Tour 41 : *5 m.s., 1 dim.*, répétez encore 4 fois de * à * (30 m.).
Tour 42 : *4 m.s., 1 dim.*, répétez encore 4 fois de * à * (25 m.).
Tour 43 : *3 m.s., 1 dim.*, répétez encore 4 fois de * à * (20 m.).
Tour 44 : *2 m.s., 1 dim.*, répétez encore 4 fois de * à * (15 m.).
Tour 45 : *1 m.s., 1 dim.*, répétez encore 4 fois de * à * (10 m.).
Tour 46 : 5 dim. (5 m.).

Rembourrez le corps et la 1re patte. Coupez le fil en laissant une longueur suffisante pour le rentrer.

2nde PATTE

Reprenez l'ouvrage à partir du dos. Crochetez 30 m.s. sur l'autre moitié ; crochetez aussi 10 m.s. sur la même chaînette que celle réalisée pour la 1re patte. Continuez à crocheter de la même manière qu'à partir du tour 33 de la 1re patte.
Rembourrez la 2nde patte, fermez en fronçant, coupez et rentrez le fil.

BRAS

Avec du fil vert :
Tour 1 : crochetez un cercle de 6 m.s. (6 m.).
Tour 2 : 1 augm. dans chaque m. (12 m.).
Tour 3 : *1 m.s., 1 augm.*, répétez encore 5 fois de * à * (18 m.).
Tours 4 à 6 : 1 m.s. dans chaque m. (18 m.).
Tour 7 : 1 m.s., 1 point pop-corn à 6 brides, 16 m.s. (18 m.).
Tour 8 : 1 m.s. dans chaque m. (18 m.).
Tour 9 : *1 m.s., 1 dim.*, répétez encore 5 fois de * à * (12 m.).
Tours 10 et 11 : 1 m.s. dans chaque m. (12 m.).
Tour 12 : *1 m.s., 1 dim.*, répétez encore 3 fois de * à * (8 m.).
Tours 13 à 15 : 1 m.s. dans chaque m. (8 m.).
Rembourrez. Coupez le fil en laissant une longueur suffisante pour la couture et pour le rentrer.

QUEUE

Avec du fil vert :
Tour 1 : crochetez un cercle de 5 m.s. (5 m.).
Tour 2 : 1 m.s. dans chaque m. (5 m.).
Tour 3 : 1 augm. dans chaque m. (10 m.).
Tour 4 : 1 m.s. dans chaque m. (10 m.).
Tour 5 : *1 m.s., 1 augm.*, répétez encore 4 fois de * à * (15 m.).
Tour 6 : 1 m.s. dans chaque m. (15 m.).
Tour 7 : *2 m.s., 1 augm.*, répétez encore 4 fois de * à * (20 m.).
Tour 8 : 1 m.s. dans chaque m. (20 m.).
Tour 9 : *3 m.s., 1 augm.*, répétez encore 4 fois de * à * (25 m.).
Tour 10 : 1 m.s. dans chaque m. (25 m.).
Tour 11 : *4 m.s., 1 augm.*, répétez encore 4 fois de * à * (30 m.).
Tour 12 : 1 m.s. dans chaque m. (30 m.).
Tour 13 : *5 m.s., 1 augm.* , répétez encore 4 fois de * à * (35 m.).
Tours 14 et 15 : 1 m.s. dans chaque m. (35 m.).

On ne sait pas encore si elle est le résultat d'expériences sur de mystérieuses radiations ou bien s'il s'agit d'un dinosaure qui n'a pas voulu suivre les autres. Mais ce qui est sûr, c'est qu'elle répand style et glamour partout où elle va et qu'elle ne refuse jamais, au grand jamais, de relever un défi. Surtout s'il y a une raquette de tennis dans l'affaire.

Rembourrez. Coupez le fil en laissant une longueur suffisante pour la couture et pour le rentrer.

AILERONS

Pour la queue (deux). Avec du fil vert :

Tour 1 : crochetez un cercle de 5 m.s. (5 m.).

Tour 2 : 1 m.s. dans chaque m. (5 m.).

Tour 3 : 1 augm. dans chaque m. (10 m.).

Tour 4 : 1 m.s. dans chaque m. (10 m.).

Rembourrez un peu. Coupez le fil en laissant une longueur suffisante pour la couture et pour le rentrer.

Pour le corps (trois). Avec du fil vert :

Tour 1 : crochetez un cercle de 5 m.s. (5 m.).

Tour 2 : 1 m.s. dans chaque m. (5 m.).

Tour 3 : 1 augm. dans chaque m. (10 m.).

Tour 4 : 1 m.s. dans chaque m. (10 m.).

Tour 5 : *1 m.s., 1 augm.*, répétez encore 4 fois de * à * (15 m.).

Tour 6 : 1 m.s. dans chaque m. (15 m.).

Rembourrez un peu. Coupez le fil en laissant une longueur suffisante pour la couture et pour le rentrer.

L'histoire de Pica Pau

Ça ne vous aura pas échappé, j'aime énormément les personnages en crochet ! Et comme tous les passionnés, j'ai la chance d'avoir conservé pratiquement tous les animaux qui ont fait partie de mon enfance. Parmi eux, les trois premiers que l'on m'a offerts : un panda, un animal non identifié et un petit ours aux longues pattes avec une salopette écossaise. Malheureusement, ce petit ours est le seul encore en bon état. Non pas que j'aie eu plus d'estime pour lui que pour les autres, mais parce que ma mère, par crainte que mes petites mains ne le réduisent en miettes, l'a gardé dans un placard jusqu'à mes 6 ans.

Cette précaution n'était certainement pas particulièrement pédagogique, mais sachant que j'ai arraché plus d'une fois les yeux du panda et coupé de sang-froid le doigt de l'animal non identifié, c'est bien grâce à cette méthode contestable que le petit ours existe toujours et dans toute son intégrité.

Je vous raconte cela, car l'heureux petit ours a été une grande source d'inspiration pour toute ma famille de personnages ! Lui et son visage austère me rappellent mon grand-père Federico. Le reste, c'est de l'histoire ancienne

ou plutôt des tonnes d'histoires ! Des histoires qui sont devenues des personnages et des personnages qui sont devenus réalité grâce au crochet.

Pour moi, inventer quelque chose à partir de rien est une tâche très difficile, voire impossible. C'est pourquoi, lorsque je crée, je m'intéresse à tous les animaux et personnages qui peuvent m'aider à penser à quelque chose de nouveau. Il peut s'agir des jouets qui peuplent ma maison, les dessins animés que je regardais petite et ceux que mes enfants apprécient, les livres, les BD et les films… Tout cela alimente ma capacité à imaginer.

Bien évidemment, je ne vous demande pas de passer des heures à regarder des dessins animés, mais un peu de fantaisie ne fait jamais de mal dans nos vies ! Depuis les contes traditionnels pour enfants, en passant par les personnages de Disney et de Pixar, jusqu'aux merveilles du studio Ghibli, imprégnez-vous de tout ce qui pourrait vous faire penser à de nouvelles créatures. Et vous passerez par la même occasion un bon moment en famille.

Federico l'ours

Federico a l'air d'un garçon très sérieux, mais en réalité, il a juste honte de dévoiler ses sentiments. C'est un grand navigateur et il adore passer des heures dans son atelier, à inventer de nouveaux appareils pour son bateau. Il raffole des tartines à la confiture de pêche et déteste les pommes.

Le tuto de Federico est la base de tous mes personnages à longues pattes. C'est pourquoi je trouve que c'est le tuto le plus simple pour commencer. Lorsque vous l'aurez crocheté, le reste sera du gâteau !

Hauteur : 25 cm

Fil : coton moyen

Quantité : 90 g

Couleurs :

Crochet : 2,75 mm

Autres :
Rembourrage
Yeux de sécurité

MUSEAU

Avec du fil écru ou de couleur naturelle :

Tour 1 : crochetez un cercle de 6 m.s. (6 m.).

Tour 2 : 1 augm. dans chaque m. (12 m.).

Tour 3 : *1 m.s., 1 augm.*, répétez encore 5 fois de * à * (18 m.).

Tour 4 : *2 m.s., 1 augm.*, répétez encore 5 fois de * à * (24 m.).

Tour 5 : 1 m.s. dans chaque m. (24 m.).

Rembourrez un peu. Coupez le fil en laissant une longueur suffisante pour la couture et pour le rentrer. Brodez le nez et la bouche.

TÊTE, CORPS ET PATTES

D'un seul tenant. Avec du fil beige ou marron clair :

Tour 1 : crochetez un cercle de 6 m.s. (6 m.).

Tour 2 : 1 augm. dans chaque m. (12 m.).

Tour 3 : *1 m.s., 1 augm.*, répétez encore 5 fois de * à * (18 m.).

Tour 4 : *2 m.s., 1 augm.*, répétez encore 5 fois de * à * (24 m.).

Tour 5 : *3 m.s., 1 augm.*, répétez encore 5 fois de * à * (30 m.).

Tour 6 : *4 m.s., 1 augm.*, répétez encore 5 fois de * à * (36 m.).

Tour 7 : *5 m.s., 1 augm.*, répétez encore 5 fois de * à * (42 m.).

Tour 8 : *6 m.s., 1 augm.*, répétez encore 5 fois de * à * (48 m.).

Tour 9 : *7 m.s., 1 augm.*, répétez encore 5 fois de * à * (54 m.).

Tours 10 à 20 : 1 m.s. dans chaque m. (54 m.).

Tour 21 : *7 m.s., 1 dim.*, répétez encore 5 fois de * à * (48 m.).

Tour 22 : *6 m.s., 1 dim.*, répétez encore 5 fois de * à * (42 m.).

Tour 23 : *5 m.s., 1 dim.*, répétez encore 5 fois de * à * (36 m.).

Tour 24 : *4 m.s., 1 dim.*, répétez encore 5 fois de * à * (30 m.).

Cousez le museau. Fixez ou brodez les yeux.

Tour 25 : *3 m.s., 1 dim.*, répétez encore 5 fois de * à * (24 m.).

Tour 26 : *2 m.s., 1 dim.*, répétez encore 5 fois de * à * (18 m.).

Rembourrez la tête.

Tour 27 : *1 m.s., 1 dim.*, répétez encore 5 fois de * à * (12 m.).

Tour 28 : (12 m.) [1 m.s. dans chaque m.]

Crochetez avec la couleur 1 du t-shirt.

Tour 29 : *1 m.s., 1 augm.*, répétez encore 5 fois de * à * (18 m.).

Crochetez avec la couleur 2 du t-shirt.

Tour 30 : *2 m.s., 1 augm.*, répétez encore 5 fois de * à * (24 m.).

Alternez 1 tour d'une couleur, 1 tour de l'autre.

Tours 31 à 35 : 1 m.s. dans chaque m. (24 m.).

Avec la couleur du corps, crochetez en piquant sous le brin arrière – seulement si vous réalisez le t-shirt.

Tour 36 : 1 m.s. dans chaque m. (24 m.).

Crochetez en piquant sous les 2 brins.

Tour 37 : 1 m.s. dans chaque m. (24 m.).

1RE PATTE

Divisez l'ouvrage pour réaliser la 1re patte. Marquez le milieu du devant du personnage, en prenant comme référence l'emplacement du museau. Pour cela, descendez jusqu'au dernier tour et placez l'anneau marqueur. Comptez 12 m.s. vers la gauche, en allant vers le dos. À partir de la 12e maille, crochetez 3 m.l. et réalisez 1 m.s. dans la maille où il y a l'anneau marqueur pour fermer. Cette m.s. de jointure est la 1re maille du tour 1 de la patte.

Le milieu ne correspond pas toujours à la dernière maille ; il dépend de l'emplacement du visage. N'hésitez donc pas à décrocheter des mailles ou à en crocheter d'autres pour arriver au milieu du personnage.

Tour 38 : 12 m.s., 3 m.s. sur les 3 m.l. réalisées pour diviser l'ouvrage – en piquant sous le brin le plus près de la patte que vous êtes en train de crocheter (15 m.).
Tours 39 à 61 : 1 m.s. dans chaque m. (15 m.).
Rembourrez le corps et la 1re patte.
Tour 62 : *1 m.s., 1 dim.*, répétez encore 4 fois de * à * (10 m.).
Tour 63 : 5 dim. (5 m.).
Coupez le fil en laissant une longueur suffisante pour le rentrer.

2NDE PATTE

Reprenez l'ouvrage à partir du dos et crochetez 12 m.s. sur l'autre moitié ; crochetez aussi 3 m.s. sur la même chaînette que celle réalisée pour la 1re patte. Continuez à crocheter de la même manière qu'à partir du tour 39 de la 1re patte.

BRAS

Avec du fil beige ou marron clair :
Tour 1 : crochetez un cercle de 5 m.s. (5 m.).
Tour 2 : 1 augm. dans chaque m. (10 m.).
Tour 3 : *1 m.s., 1 augm.*, répétez encore 4 fois de * à * (15 m.).
Tour 4 : 1 m.s. dans chaque m. (15 m.).
Tour 5 : 1 m.s., 1 point pop-corn, 13 m.s. (15 m.).
Tour 6 : 1 m.s. dans chaque m. (15 m.).
Tour 7 : *1 m.s., 1 dim.*, répétez encore 4 fois de * à * (10 m.).
Tours 8 à 20 : 1 m.s. dans chaque m. (10 m.).
Tour 21 : *1 m.s., 1 dim.*, répétez encore 2 fois de * à * (7 m.).
Rembourrez. Coupez le fil en laissant une longueur suffisante pour la couture et pour le rentrer.

OREILLES

Avec du fil beige ou marron clair :
Tour 1 : crochetez un cercle de 6 m.s. (6 m.).
Tour 2 : 1 augm. dans chaque m. (12 m.).
Tour 3 : *1 m.s., 1 augm.*, répétez encore 5 fois de * à * (18 m.).
Tour 4 : 1 m.s. dans chaque m. (18 m.).
Tour 5 : *1 m.s., 1 dim.*, répétez encore 5 fois de * à * (12 m.).
Tour 6 : 6 dim. (6 m.).
Ne rembourrez pas. Coupez le fil en laissant une longueur suffisante pour la couture et pour le rentrer (voir « Oreilles en forme de bouton », p. 69).

QUEUE

Avec du fil écru ou de couleur naturelle :
Tour 1 : crochetez un cercle de 6 m.s. (6 m.).
Tour 2 : 1 m.s. dans chaque m. (6 m.).
Ne rembourrez pas. Coupez le fil en laissant une longueur suffisante pour la couture et pour le rentrer.

Lucas le renard

Sans le vouloir, Lucas est devenu la star du groupe. Il est né par hasard en février 2010, lorsque je regardais la seule pelote rouge qu'il me restait. Et comme parfois la chance est de mon côté, l'adaptation géniale par Wes Anderson du livre *Fantastique Maître Renard* de Roald Dahl venait juste de sortir. J'avais la meilleure source d'inspiration que l'on pouvait souhaiter.

Je ne sais pas si j'ai fait honneur à ce grand personnage, mais à partir de cet hiver-là, il ne s'est plus écoulé un mois sans qu'un renard roux ne naisse entre mes mains. Et bien que j'en aie déjà crocheté des centaines, chaque fois que je finis de coudre la queue (c'est la dernière chose que je fais), je ne peux m'empêcher de sourire.

Hauteur : 25 cm

Fil : coton moyen

Quantité : 90 g

Couleurs : ● ● ○ ●

Crochet : 2,75 mm

Autres :
Rembourrage
Yeux de sécurité

MUSEAU

Avec du fil noir :
Tour 1 : crochetez un cercle de 6 m.s. (6 m.).
Tour 2 : 1 m.s. dans chaque m. (6 m.).
Coupez le fil en laissant une longueur suffisante pour broder la bouche – cela vous épargnera bien des petits nœuds !
Avec du fil rouge :
Tour 3 : 1 m.s. dans chaque m. (6 m.).
Tour 4 : 1 augm. dans chaque m. (12 m.).
Tour 5 : 1 m.s. dans chaque m. (12 m.).
Tour 6 : *1 m.s., 1 augm.*, répétez encore 5 fois de * à * (18 m.).
Tour 7 : 1 m.s. dans chaque m. (18 m.).
Tour 8 : *2 m.s., 1 augm.*, répétez encore 5 fois de * à * (24 m.).
Tour 9 : 1 m.s. dans chaque m. (24 m.).
Tour 10 : *3 m.s., 1 augm.*, répétez encore 5 fois de * à * (30 m.).
Tour 11 : 1 m.s. dans chaque m. (30 m.).
Rembourrez. Coupez le fil en laissant une longueur suffisante pour la couture et pour le rentrer. Brodez la bouche.

TÊTE, CORPS ET PATTES

D'un seul tenant. Avec du fil rouge :
Tour 1 : crochetez un cercle de 6 m.s. (6 m.).
Tour 2 : 1 augm. dans chaque m. (12 m.).
Tour 3 : *1 m.s., 1 augm.*, répétez encore 5 fois de * à * (18 m.).
Tour 4 : *2 m.s., 1 augm.*, répétez encore 5 fois de * à * (24 m.).
Tour 5 : *3 m.s., 1 augm.*, répétez encore 5 fois de * à * (30 m.).
Tour 6 : *4 m.s., 1 augm.*, répétez encore 5 fois de * à * (36 m.).
Tour 7 : *5 m.s., 1 augm.*, répétez encore 5 fois de * à * (42 m.).
Tour 8 : *6 m.s., 1 augm.*, répétez encore 5 fois de * à * (48 m.).
Tour 9 : *7 m.s., 1 augm.*, répétez encore 5 fois de * à * (54 m.).
Tours 10 à 20 : 1 m.s. dans chaque m. (54 m.).
Tour 21 : *7 m.s., 1 dim.*, répétez encore 5 fois de * à * (48 m.).
Tour 22 : *6 m.s., 1 dim.*, répétez encore 5 fois de * à * (42 m.).
Tour 23 : *5 m.s., 1 dim.*, répétez encore 5 fois de * à * (36 m.).

Lucas est le meilleur ami de tous. Toujours aimable et prêt à donner un coup de main, c'est un type formidable. Il adore se promener sous les arbres et dévorer les romans noirs et les histoires de détectives (il est fan de Raymond Chandler et d'Arthur Conan Doyle). Il a juste un problème qui l'embête beaucoup : il ne sait pas faire des bulles de chewing-gum. Il pense que c'est à cause de son nez.

Tour 24 : *4 m.s., 1 dim.*, répétez encore 5 fois de * à * (30 m.).
Cousez le museau. Fixez ou brodez les yeux.
Tour 25 : *3 m.s., 1 dim.*, répétez encore 5 fois de * à * (24 m.).
Tour 26 : *2 m.s., 1 dim.*, répétez encore 5 fois de * à * (18 m.).
Rembourrez la tête.
Tour 27 : *1 m.s., 1 dim.*, répétez encore 5 fois de * à * (12 m.).
Tour 28 : 1 m.s. dans chaque m. (12 m.).
Crochetez avec la couleur 1 du t-shirt.
Tour 29 : *1 m.s., 1 augm.*, répétez encore 5 fois de * à * (18 m.).
Crochetez avec la couleur 2 du t-shirt.
Alternez 1 tour d'une couleur, 1 tour de l'autre.
Tour 30 : *2 m.s., 1 augm.*, répétez encore 5 fois de * à * (24 m.).
Tours 31 à 35 : 1 m.s. dans chaque m. (24 m.).
Avec la couleur du corps, crochetez en piquant sous le brin arrière – seulement si vous réalisez le t-shirt.
Tour 36 : 1 m.s. dans chaque m. (24 m.).
Crochetez en piquant sous les 2 brins.
Tour 37 : 1 m.s. dans chaque m. (24 m.).

1re PATTE

Divisez l'ouvrage pour réaliser la 1re patte. Marquez le milieu du devant du personnage, en prenant comme référence l'emplacement du museau. Pour cela, descendez jusqu'au dernier tour et placez l'anneau marqueur. Comptez 12 m.s. vers la gauche, en allant vers le dos. À partir de la 12e maille, crochetez 3 m.l. et réalisez 1 m.s. dans la maille où il y a l'anneau marqueur pour fermer. Cette m.s. de jointure est la 1re maille du tour 1 de la patte.

Tour 38 : 12 m.s., 3 m.s. sur les 3 m.l. réalisées pour diviser l'ouvrage – en piquant sous le brin le plus près de la patte que vous êtes en train de crocheter (15 m.).

Tours 39 à 61 : 1 m.s. dans chaque m. (15 m.).

Rembourrez le corps et la patte.

Tour 62 : *1 m.s., 1 dim.*, répétez encore 4 fois de * à * (10 m.).

Tour 63 : 5 dim. (5 m.).

Coupez le fil en laissant une longueur suffisante pour le rentrer.

2nde PATTE

Reprenez dans le dos. Crochetez 12 m.s. sur l'autre moitié ; crochetez aussi 3 m.s. sur la même chaînette que celle réalisée pour la 1re patte. Continuez à crocheter de la même manière qu'à partir du tour 39 de la 1re patte.

BRAS

Avec du fil rouge :

Tour 1 : crochetez un cercle de 5 m.s. (5 m.).

Tour 2 : 1 augm. dans chaque m. (10 m.).

Tour 3 : *1 m.s., 1 augm.*, répétez encore 4 fois de * à * (15 m.).

Tour 4 : 1 m.s. dans chaque m. (15 m.).

Tour 5 : 1 m.s., 1 point pop-corn, 13 m.s. (15 m.).

Tour 6 : 1 m.s. dans chaque m. (15 m.).

Tour 7 : *1 m.s., 1 dim.*, répétez encore 4 fois de * à * (10 m.).

Tours 8 à 20 : 1 m.s. dans chaque m. (10 m.).

Tour 21 : *1 m.s., 1 dim.*, répétez encore 2 fois de * à * (7 m.).

Rembourrez. Coupez le fil en laissant une longueur suffisante pour la couture et pour le rentrer.

OREILLES

Avec du fil rouge :

Tour 1 : crochetez un cercle de 5 m.s. (5 m.).

Tour 2 : 1 m.s. dans chaque m. (5 m.).

Tour 3 : 1 augm. dans chaque m. (10 m.).

Tour 4 : 1 m.s. dans chaque m. (10 m.).

Tour 5 : *1 m.s., 1 augm.*, répétez encore 4 fois de * à * (15 m.).

Tour 6 : 1 m.s. dans chaque m. (15 m.).

Tour 7 : *2 m.s., 1 augm.*, répétez encore 4 fois de * à * (20 m.).

Tours 8 et 9 : 1 m.s. dans chaque m. (20 m.).

Ne rembourrez pas. Coupez le fil en laissant une longueur suffisante pour la couture et pour le rentrer.

QUEUE

Avec du fil blanc :

Tour 1 : crochetez un cercle de 5 m.s. (5 m.).

Tour 2 : 1 m.s. dans chaque m. (5 m.).

Tour 3 : 1 augm. dans chaque m. (10 m.).

Tour 4 : 1 m.s. dans chaque m. (10 m.).

Tour 5 : *1 m.s., 1 augm.*, répétez encore 4 fois de * à * (15 m.).

Tour 6 : *2 m.s., 1 augm.*, répétez encore 4 fois de * à * (20 m.).

Tour 7 : *3 m.s., 1 augm.*, répétez encore 4 fois de * à * (25 m.).

Tour 8 : *4 m.s., 1 augm.*, répétez encore 4 fois de * à * (30 m.).

Avec du fil rouge :

Tours 9 à 14 : 1 m.s. dans chaque m. (30 m.).

Tour 15 : *4 m.s., 1 dim.*, répétez encore 4 fois de * à * (25 m.).

Tours 16 et 17 : 1 m.s. dans chaque m. (25 m.).

Tour 18 : *3 m.s., 1 dim.*, répétez encore 4 fois de * à * (20 m.).

Tours 19 et 20 : 1 m.s. dans chaque m. (20 m.).

Tour 21 : *2 m.s., 1 dim.*, répétez encore 4 fois de * à * (15 m.).

Tours 22 et 23 : 1 m.s. dans chaque m. (15 m.).

Tour 24 : *1 m.s., 1 dim.*, répétez encore 4 fois de * à * (10 m.).

Tours 25 à 28 : 1 m.s. dans chaque m. (10 m.).

Rembourrez. Coupez le fil en laissant une longueur suffisante pour la couture et pour le rentrer.

Pablo et Émilia

Pablo – en hommage à Picasso et à mon frère – a réussi à avoir les oreilles beaucoup plus longues et les pattes plus courtes. Ce tuto est l'occasion d'introduire une nouveauté : le museau crocheté à partir d'une chaînette de base. C'est le même museau que j'utiliserai ensuite pour Jacques le singe (voir p. 106) – une façon d'harmoniser mes créations.

Émilia a le même corps que Pablo, mais elle sera l'occasion d'apprendre à crocheter une robe ou une jupe. Elle est très simple à réaliser, mais n'oubliez pas de crocheter le tour 36 en piquant sous le brin arrière.

PABLO LE LAPIN

Hauteur : 25 cm	Fil : coton moyen	Quantité : 90 g	Couleurs : ● ○ ●	Crochet : 2,75 mm	Autres : Rembourrage Yeux de sécurité

ÉMILIA LA LAPINE

Hauteur : 25 cm	Fil : coton moyen	Quantité : 90 g	Couleurs : ● ● ○ ●	Crochet : 2,75 mm	Autres : Rembourrage Yeux de sécurité

PABLO LE LAPIN

MUSEAU

Avec du fil écru ou blanc, crochetez des 2 côtés de la chaînette de base composée de 8 m.l. N'oubliez pas que la 1re m.s. s'effectue dans la 2e m.l. à partir du crochet.

Tour 1 : 1 augm., 5 m.s., 4 m.s. dans la dernière m.l. De l'autre côté de la chaînette : 5 m.s., 1 augm. (18 m.).

Continuez à crocheter en spirale.

Tour 2 : 1 augm., 7 m.s., 2 augm., 7 m.s., 1 augm. (22 m.).

Tour 3 : 2 augm., 8 m.s., 3 augm., 8 m.s., 1 augm. (28 m.).

Tour 4 : 3 augm., 10 m.s., 4 augm., 10 m.s., 1 augm. (36 m.).

Tour 5 : 1 m.s. dans chaque m. (36 m.).

Ne rembourrez pas. Coupez le fil en laissant une longueur suffisante pour la couture et pour le rentrer. Brodez le nez et la bouche.

TÊTE, CORPS ET PATTES

D'un seul tenant. Avec du fil bleu foncé :

Tour 1 : crochetez un cercle de 6 m.s. (6 m.).

Tour 2 : 1 augm. dans chaque m. (12 m.).

Tour 3 : *1 m.s., 1 augm.*, répétez encore 5 fois de * à * (18 m.).

Tour 4 : *2 m.s., 1 augm.*, répétez encore 5 fois de * à * (24 m.).

Tour 5 : *3 m.s., 1 augm.*, répétez encore 5 fois de * à * (30 m.).

Tour 6 : *4 m.s., 1 augm.*, répétez encore 5 fois de * à * (36 m.).

Tour 7 : *5 m.s., 1 augm.*, répétez encore 5 fois de * à * (42 m.).

Tour 8 : *6 m.s., 1 augm.*, répétez encore 5 fois de * à * (48 m.).

Tour 9 : *7 m.s., 1 augm.*, répétez encore 5 fois de * à * (54 m.).

Tours 10 à 20 : 1 m.s. dans chaque m. (54 m.).

Tour 21 : *7 m.s., 1 dim.*, répétez encore 5 fois de * à * (48 m.).

Tour 22 : *6 m.s., 1 dim.*, répétez encore 5 fois de * à * (42 m.).

Tour 23 : *5 m.s., 1 dim.*, répétez encore 5 fois de * à * (36 m.).

Tour 24 : *4 m.s., 1 dim.*, répétez encore 5 fois de * à * (30 m.).

Cousez le museau. Fixez ou brodez les yeux.

Tour 25 : *3 m.s., 1 dim.*, répétez encore 5 fois de * à * (24 m.).

Tour 26 : *2 m.s., 1 dim.*, répétez encore 5 fois de * à * (18 m.).

Rembourrez la tête.

Tour 27 : *1 m.s., 1 dim.*, répétez encore 5 fois de * à * (12 m.).

Tour 28 : 1 m.s. dans chaque m. (12 m.).

Crochetez avec la couleur 1 du t-shirt.

Tour 29 : *1 m.s., 1 augm.*, répétez encore 5 fois de * à * (18 m.).

Crochetez avec la couleur 2 du t-shirt.

Alternez 1 tour d'une couleur, 1 tour de l'autre.

Tour 30 : *2 m.s., 1 augm.*, répétez encore 5 fois de * à * (24 m.).
Tours 31 à 35 : 1 m.s. dans chaque m. (24 m.).
Avec la couleur du corps, crochetez en piquant sous le brin arrière – seulement si vous réalisez le t-shirt.
Tour 36 : 1 m.s. dans chaque m. (24 m.).
Crochetez en piquant sous les 2 brins.
Tour 37 : 1 m.s. dans chaque m. (24 m.).

1re PATTE

Divisez l'ouvrage pour réaliser la 1re patte. Marquez le milieu du devant du personnage, en prenant comme référence l'emplacement du museau. Pour cela, descendez jusqu'au dernier tour et placez l'anneau marqueur. Comptez 12 m.s. vers la gauche, en allant vers le dos. À partir de la 12e maille, crochetez 3 m.l. et réalisez 1 m.s. dans la maille où il y a l'anneau marqueur pour fermer. Cette m.s. de jointure est la 1re maille du tour 1 de la patte.
Tour 38 : crochetez 12 m.s., 3 m.s. sur les 3 m.l. réalisées pour diviser l'ouvrage – en piquant uniquement sous le brin le plus près de la patte que vous êtes en train de crocheter (15 m.).
Tours 39 à 61 : 1 m.s. dans chaque m. (15 m.).
Rembourrez le corps et la 1re patte.
Tour 62 : *1 m.s., 1 dim.*, répétez encore 4 fois de * à * (10 m.).
Tour 63 : 5 dim. (5 m.).
Coupez le fil en laissant une longueur suffisante pour le rentrer.

2nde PATTE

Reprenez dans le dos. Crochetez 12 m.s. sur l'autre moitié ; crochetez aussi 3 m.s. sur la même chaînette que celle réalisée pour la 1re patte. Continuez à crocheter de la même manière qu'à partir du tour 39 de la 1re patte.

BRAS

Avec du fil bleu foncé :
Tour 1 : crochetez un cercle de 5 m.s. (5 m.).
Tour 2 : 1 augm. dans chaque m. (10 m.).
Tour 3 : *1 m.s., 1 augm.*, répétez encore 4 fois de * à * (15 m.).
Tour 4 : 1 m.s. dans chaque m. (15 m.).
Tour 5 : 1 m.s., 1 point pop-corn, 13 m.s. (15 m.).
Tour 6 : 1 m.s. dans chaque m. (15 m.).
Tour 7 : *1 m.s., 1 dim.*, répétez encore 4 fois de * à * (10 m.).
Tours 8 à 20 : 1 m.s. dans chaque m. (10 m.).
Tour 21 : *1 m.s., 1 dim.*, répétez encore 2 fois de * à * (7 m.).
Rembourrez. Coupez le fil en laissant une longueur suffisante pour la couture et pour le rentrer.

OREILLES

Avec du fil bleu foncé :
Tour 1 : crochetez un cercle de 5 m.s. (5 m.).
Tour 2 : 1 augm. dans chaque m. (10 m.).
Tour 3 : *1 m.s., 1 augm.*, répétez encore 4 fois de * à * (15 m.).
Tours 4 à 20 : 1 m.s. dans chaque m. (15 m.).
Ne rembourrez pas. Coupez le fil en laissant une longueur suffisante pour la couture et pour le rentrer.

QUEUE

Avec du fil bleu foncé :
Tour 1 : crochetez un cercle de 6 m.s. (6 m.).
Tour 2 : 1 m.s. dans chaque m. (6 m.).
Ne rembourrez pas. Coupez le fil en laissant une longueur suffisante pour la couture et pour le rentrer.

Pablo est un rigolo. Il sait animer toute conversation ou soirée ennuyeuse grâce à son inégalable sens de l'humour. Évidemment, il en fait parfois un peu trop, mais ce n'est jamais volontaire. Sa passion : collectionner tous les articles de papeterie qui tombent entre ses pattes, surtout s'ils datent du siècle dernier.

ÉMILIA LA LAPINE

Cette lapine est arrivée bien après les autres, car je ne suis pas très portée sur les personnages féminins. C'est celle qui ressemble le plus à la petite fille que j'aime crocheter. Son nom est celui de l'une de mes vieilles poupées, que j'ai beaucoup aimée mais qui n'existe plus ; c'est aussi le personnage principal d'un conte traditionnel brésilien dont est inspiré mon pseudonyme, *O sitio do Pica Pau amarelo*. Dans cette histoire, Émilia est une poupée de chiffon au goût prononcé pour les bêtises et à la langue bien pendue. Ceux qui me connaissent disent que c'est un trait de caractère que nous avons en commun !

MUSEAU

Avec du fil écru ou de couleur naturelle :
Tour 1 : crochetez un cercle de 6 m.s. (6 m.).
Tour 2 : 1 augm. dans chaque m. (12 m.).
Tour 3 : *1 m.s., 1 augm.*, répétez encore 5 fois de * à * (18 m.).
Tour 4 : *2 m.s., 1 augm.*, répétez encore 5 fois de * à * (24 m.).
Tour 5 : 1 m.s. dans chaque m. (24 m.).
Rembourrez un peu. Coupez le fil en laissant une longueur suffisante pour la couture et pour le rentrer. Brodez le nez et la bouche.

CORPS, PATTES ET QUEUE

Crochetez comme ceux de Pablo le lapin.

JUPE

Cette jupe est un prolongement du t-shirt et elle ressemble plus à un tutu de danseuse.
Crochetez en piquant sous le brin avant des 24 m.s. du tour 36.
Tour 1 : 1 m.s. dans chaque m. (24 m.).
Tour 2 : *2 m.s., 1 augm.*, répétez encore 7 fois de * à * (32 m.).
Tour 3 : *2 m.s., 1 augm.*, répétez encore 9 fois de * à *. Finissez par 2 m.s. (42 m.).
Tour 4 : *3 m.s., 1 augm.*, répétez encore 9 fois de * à *. Finissez par 2 m.s. (52 m.).
Tours 5 à 7 : 1 m.s. dans chaque m. (52 m.).
Tour 8 : 1 m.c. dans chaque m. (52 m.).
Coupez le fil en laissant une longueur suffisante pour le rentrer.

Pour une jupe plus longue, il vous suffit de crocheter plus de tours. Mais si vous préférez qu'elle ait plus d'ampleur, réalisez plus d'augmentations à chaque tour. Commencez, par exemple, par une augmentation une maille serrée sur deux et répétez cette séquence pendant deux ou trois tours de suite.

Émilia est la gentille petite fille du groupe. Très patiente, elle adore enseigner tout ce qu'elle apprend. Mais elle peut aussi se montrer parfois terriblement stressée ; dans ce cas, elle commence à parler sans s'arrêter. Elle adore écrire des histoires courtes, et si cela était possible, elle vivrait de glace à la noix de coco et à la confiture de lait, nappée de chocolat.

Jacques le singe

De la même manière que Lucas, Jacques est né d'une couleur : un vert olive que j'ai eu beaucoup de mal à assortir avec un autre ton. Mais j'y suis finalement arrivée et Jacques le singe a été crocheté – en hommage à Cousteau et à Sempé. Le premier est un génial explorateur de la vie marine ; le second, un génie de l'aquarelle et du dessin. La marinière est un hommage à leur pays d'origine, la France.

Jacques connaît les plaisirs simples de la vie : un bon vin (avec modération !), du fromage et une miche de pain sur une plage à l'abri du tumulte, c'est tout ce dont il a besoin pour être heureux. Et puis aussi un carnet et quelques pinceaux pour dessiner !

Il a les pattes et les bras un peu plus longs que les autres, mais c'est la seule différence. Si vous avez déjà réalisé Federico, vous n'aurez donc aucun mal à le crocheter.

Hauteur : 25 cm

Fil : coton moyen

Quantité : 90 g

Couleurs :

Crochet : 2,75 mm

Autres :
Rembourrage
Yeux de sécurité

Si Federico l'invite à faire du bateau, il est comblé. Jacques est un type simple, mais il est loin d'être bête.

MUSEAU

Avec du fil couleur moutarde ou marron clair, crochetez des 2 côtés de la chaînette de base composée de 8 m.l. N'oubliez pas que la 1re m.s. s'effectue dans la 2e m.l. à partir du crochet.

Tour 1 : 1 augm., 5 m.s., 4 m.s. dans la dernière m.l. De l'autre côté de la chaînette : 5 m.s., 1 augm. (18 m.).

Continuez à crocheter en spirale.

Tour 2 : 1 augm., 7 m.s., 2 augm., 7 m.s., 1 augm. (22 m.).

Tour 3 : 2 augm., 8 m.s., 3 augm., 8 m.s., 1 augm. (28 m.).

Tour 4 : 3 augm., 10 m.s., 4 augm., 10 m.s., 1 augm. (36 m.).

Tour 5 : 1 m.s. dans chaque m. (36 m.).

Ne rembourrez pas. Coupez le fil en laissant une longueur suffisante pour la couture et pour le rentrer. Brodez la bouche et le nez.

TÊTE, CORPS ET PATTES

D'un seul tenant. Avec du fil vert olive :

Tour 1 : crochetez un cercle de 6 m.s. (6 m.).

Tour 2 : 1 augm. dans chaque m. (12 m.).

Tour 3 : *1 m.s., 1 augm.*, répétez encore 5 fois de * à * (18 m.).

Tour 4 : *2 m.s., 1 augm.*, répétez encore 5 fois de * à * (24 m.).

Tour 5 : *3 m.s., 1 augm.*, répétez encore 5 fois de * à * (30 m.).

Tour 6 : *4 m.s., 1 augm.*, répétez encore 5 fois de * à * (36 m.).

Tour 7 : *5 m.s., 1 augm.*, répétez encore 5 fois de * à * (42 m.).

Tour 8 : *6 m.s., 1 augm.*, répétez encore 5 fois de * à * (48 m.).

Tour 9 : *7 m.s., 1 augm.*, répétez encore 5 fois de * à * (54 m.).

Tours 10 à 20 : 1 ms. dans chaque m. (54 m.).

Tour 21 : *7 m.s., 1 dim.*, répétez encore 5 fois de * à * (48 m.).

Tour 22 : *6 m.s., 1 dim.*, répétez encore 5 fois de * à * (42 m.).

Tour 23 : *5 m.s., 1 dim.*, répétez encore 5 fois de * à * (36 m.).

Tour 24 : *4 m.s., 1 dim.*, répétez encore 5 fois de * à * (30 m.).

Cousez le museau. Fixez ou brodez les yeux.

Tour 25 : *3 m.s., 1 dim.*, répétez encore 5 fois de * à * (24 m.).

Tour 26 : *2 m.s., 1 dim.*, répétez encore 5 fois de * à * (18 m.).

Rembourrez la tête.

Tour 27 : *1 m.s., 1 dim.*, répétez encore 5 fois de * à * (12 m.).

Tour 28 : 1 m.s. dans chaque m. (12 m.).

Crochetez avec la couleur 1 du t-shirt.

Tour 29 : *1 m.s., 1 augm.*, répétez encore 5 fois de * à * (18 m.).
Crochetez avec la couleur 2 du t-shirt.
Alternez 1 tour d'une couleur, 1 tour de l'autre.
Tour 30 : *2 m.s., 1 augm.*, répétez encore 5 fois de * à * (24 m.).
Tours 31 à 35 : 1 m.s. dans chaque m. (24 m.).
Avec la couleur du corps, crochetez en piquant sous le brin arrière – seulement si vous réalisez le t-shirt.
Tour 36 : 1 m.s. dans chaque m. (24 m.).
Crochetez en piquant sous les 2 brins.
Tour 37 : 1 m.s. dans chaque m. (24 m.).

1RE PATTE

Divisez l'ouvrage pour réaliser la 1re patte. Marquez le milieu du devant du personnage, en prenant comme référence l'emplacement du museau. Pour cela, descendez jusqu'au dernier tour et placez l'anneau marqueur. Comptez 12 m.s. vers la gauche, en allant vers le dos. À partir de la 12e maille, crochetez 3 m.l. et réalisez 1 m.s. dans la maille où il y a l'anneau marqueur pour fermer. Cette m.s. de jointure est la 1re maille du tour 1 de la patte.
Tour 38 : 12 m.s., 3 m.s. sur les 3 m.l. réalisées pour diviser l'ouvrage – en piquant sous le brin le plus près de la patte que vous êtes en train de crocheter (15 m.).
Tours 39 à 63 : 1 m.s. dans chaque m. (15m.).
Rembourrez le corps et la 1re patte.
Tour 64 : *1 m.s., 1 dim.*, répétez encore 4 fois de * à * (10 m.).
Tour 65 : 5 dim. (5 m.).
Coupez le fil en laissant une longueur suffisante pour le rentrer.

2NDE PATTE

Reprenez l'ouvrage à partir du dos et crochetez 12 m.s. sur l'autre moitié ; crochetez aussi 3 m.s. sur la même chaînette que celle réalisée pour la 1re patte. Continuez à crocheter de la même manière qu'à partir du tour 39 de la 1re patte.

BRAS

Avec du fil vert olive :
Tour 1 : crochetez un cercle de 5 m.s. (5 m.).
Tour 2 : 1 augm. dans chaque m. (10 m.).
Tour 3 : *1 m.s., 1 augm.*, répétez encore 4 fois de * à * (15 m.).
Tour 4 : 1 m.s. dans chaque m. (15 m.).
Tour 5 : 1 m.s., 1 point pop-corn, 13 m.s. (15 m.).
Tour 6 : 1 m.s. dans chaque m. (15 m.).
Tour 7 : *1 m.s., 1 dim.*, répétez encore 4 fois de * à * (10 m.).
Tours 8 à 24 : 1 m.s. dans chaque m. (10 m.).
Tour 25 : *1 m.s., 1 dim.*, répétez encore 2 fois de * à * (7 m.).
Rembourrez. Coupez le fil en laissant une longueur suffisante pour la couture et pour le rentrer.

OREILLES

Avec du fil vert olive :
Tour 1 : crochetez un cercle de 6 m.s. (6 m.).
Tour 2 : 1 augm. dans chaque m. (12 m.).
Tour 3 : *1 m.s., 1 augm.*, répétez encore 5 fois de * à * (18 m.).
Tour 4 : *2 m.s., 1 augm.*, répétez encore 5 fois de * à * (24 m.).
Tour 5 : 1 m.s. dans chaque m. (24 m.).
Tour 6 : *2 m.s., 1 dim.*, répétez encore 5 fois de * à * (18 m.).
Tour 7 : *1 m.s., 1 dim.*, répétez encore 5 fois de * à * (12 m.).
Tour 8 : 6 dim. (6 m.).
Ne rembourrez pas. Coupez le fil en laissant une longueur suffisante pour la couture et pour le rentrer (voir « Oreilles en forme de bouton », p. 69)

Chaque fois que vous crochetez une pièce longue et étroite – comme la queue de Jacques –, je vous recommande de la rembourrer au fur et à mesure. Ici, j'ajoute un peu de rembourrage tous les 10 tours environ.

QUEUE

Avec du fil vert olive :
Tour 1 : crochetez un cercle de 8 m.s. (8 m.).
Tours 2 à 40 : 1 m.s. dans chaque m. (8 m.).
Coupez le fil en laissant une longueur suffisante pour la couture et pour le rentrer.

Rodolpho le huemul

Le plus drôle avec Rodolpho, c'est que je me suis rendu compte seulement récemment qu'il portait bien son nom. C'est presque comme appeler une tortue Caroline ou un chat Gros Minet. Alors, si vous êtes tous d'accord avec moi, disons que Rodolpho est un huemul, un magnifique cerf andin de Patagonie. Et comme tout bon huemul, il n'a pas besoin de bois aussi voyants pour attirer l'attention.

Les nouveautés de ce tuto, ce sont le museau et les oreilles. Pour le premier, je vous donnerai une astuce très simple pour obtenir un nez légèrement courbé – mais n'oubliez pas l'anneau marqueur, car vous devrez effectuer des augmentations d'un seul côté. Pour les secondes, elles présentent un petit détail crocheté séparément qui leur donne un peu de profondeur. Il va sans dire que si vous voulez le transformer en cerf (ou en renne), il suffit d'agrandir les andouillers et d'y ajouter des ramifications. Rodolpho ne se vexera pas !

Hauteur : 25 cm	Fil : coton moyen	Quantité : 90 g	Couleurs : ● ○ ● ●	Crochet : 2,75 mm	Autres : Rembourrage, Yeux de sécurité

MUSEAU

Avec du fil noir :
Tour 1 : crochetez un cercle de 6 m.s. (6 m.).
Tour 2 : 1 augm. dans chaque m. (12 m.).
Tour 3 : *1 m.s., 1 augm.*, répétez encore 5 fois de * à * (18 m.).
Tour 4 : 1 m.s. dans chaque m. (18 m.).
Avec du fil de couleur claire :
Tour 5 : 1 m.s. dans chaque m. (18 m.).
Tour 6 : *2 m.s., 1 augm.*, répétez encore 5 fois de * à * (24 m.).
Tour 7 : 1 m.s. dans chaque m. (24 m.).
Brodez la bouche.
Avec du fil marron clair ou beige :
Tour 8 : 6 m.s.; *1 augm., 1 m.s.*, répétez encore 5 fois de * à *, 6 m.s. (30 m.).
Tour 9 : 1 m.s. dans chaque m. (30 m.).
Tour 10 : 7 m.s., *1 augm., 2 m.s.*, répétez encore 5 fois de * à *, 5 m.s. (36 m.).
Tours 11 et 12 : 1 m.s. dans chaque m. (36 m.).
Rembourrez. Coupez le fil en laissant une longueur suffisante pour la couture et pour le rentrer. Brodez la bouche.

Réutilisez cette technique pour crocheter le museau d'autres animaux, comme des renards, des chiens, des ratons laveurs, etc., ou pour un personnage à gros ventre, en réalisant des augmentations uniquement sur le devant.

TÊTE, CORPS ET PATTES

D'un seul tenant. Avec du fil marron clair ou beige :
Tour 1 : crochetez un cercle de 6 m.s. (6 m.).
Tour 2 : 1 augm. dans chaque m. (12 m.).
Tour 3 : *1 m.s., 1 augm.*, répétez encore 5 fois de * à * (18 m.).
Tour 4 : *2 m.s., 1 augm.*, répétez encore 5 fois de * à * (24 m.).
Tour 5 : *3 m.s., 1 augm.*, répétez encore 5 fois de * à * (30 m.).
Tour 6 : *4 m.s., 1 augm.*, répétez encore 5 fois de * à * (36 m.).
Tour 7 : *5 m.s., 1 augm.*, répétez encore 5 fois de * à * (42 m.).
Tour 8 : *6 m.s., 1 augm.*, répétez encore 5 fois de * à * (48 m.).
Tour 9 : *7 m.s., 1 augm.*, répétez encore 5 fois de * à * (54 m.).
Tours 10 à 20 : 1 m.s. dans chaque m. (54 m.).
Tour 21 : *7 m.s., 1 dim.*, répétez encore 5 fois de * à * (48 m.).
Tour 22 : *6 m.s., 1 dim.*, répétez encore 5 fois de * à * (42 m.).
Tour 23 : *5 m.s., 1 dim.*, répétez encore 5 fois de * à * (36 m.).
Tour 24 : *4 m.s., 1 dim.*, répétez encore 5 fois de * à * (30 m.).
Coudre le museau. Fixez ou brodez les yeux.
Tour 25 : *3 m.s., 1 dim.*, répétez encore 5 fois de * à * (24 m.).
Tour 26 : *2 m.s., 1 dim.*, répétez encore 5 fois de * à * (18 m.).
Rembourrez la tête.
Tour 27 : *1 m.s., 1 dim.*, répétez encore 5 fois de * à * (12 m.).
Tour 28 : 1 m.s. dans chaque m. (12 m.).
Crochetez avec la couleur 1 du t-shirt.
Tour 29 : *1 m.s., 1 augm.*, répétez encore 5 fois de * à * (18 m.).
Crochetez avec la couleur 2 du t-shirt.
Alternez 1 tour d'une couleur, 1 tour de l'autre.
Tour 30 : *2 m.s., 1 augm.*, répétez encore 5 fois de * à * (24 m.).
Tours 31 à 35 : 1 m.s. dans chaque m. (24 m.).
Avec la couleur du corps, crochetez en piquant sous le brin arrière – seulement si vous réalisez le t-shirt.
Tour 36 : 1 m.s. dans chaque m. (24 m.).
Crochetez en piquant sous les 2 brins.
Tour 37 : 1 m.s. dans chaque m. (24 m.).

1RE PATTE

Divisez l'ouvrage pour réaliser la 1re patte. Marquez le milieu du devant de l'animal, en prenant comme référence l'emplacement du museau. Pour cela, descendez jusqu'au dernier tour et placez l'anneau marqueur. Comptez 12 m.s. vers la gauche, en allant vers le dos. À partir de la 12e maille, crochetez 3 m.l. et réalisez 1 m.s. dans la maille où il y a l'anneau marqueur pour fermer. Cette m.s. de jointure est la 1re maille du tour 1 de la patte.
Tour 38 : 12 m.s., 3 m.s. sur les 3 m.l. réalisées pour diviser l'ouvrage – en piquant sous le brin le plus près de la patte que vous êtes en train de crocheter (15 m.).
Tours 39 à 61 : 1 m.s. dans chaque m. (15 m.).
Rembourrez le corps et la 1re patte.
Tour 62 : *1 m.s., 1 dim.*, répétez encore 4 fois de * à * (10 m.).
Tour 63 : 5 dim. (5 m.).
Coupez le fil en laissant une longueur suffisante pour le rentrer.

2NDE PATTE

Reprenez l'ouvrage à partir du dos et crochetez 12 m.s. sur l'autre moitié ; crochetez aussi 3 m.s. sur la même chaînette que celle réalisée pour la 1re patte. Continuez à crocheter de la même manière qu'à partir du tour 39 de la 1re patte.

BRAS

Avec du fil marron clair ou beige :
Tour 1 : crochetez un cercle de 5 m.s. (5 m.).
Tour 2 : 1 augm. dans chaque m. (10 m.).
Tour 3 : *1 m.s., 1 augm.*, répétez encore 4 fois de * à * (15 m.).
Tour 4 : 1 m.s. dans chaque m. (15 m.).
Tour 5 : 1 m.s., 1 point pop-corn, 13 m.s. (15 m.).
Tour 6 : 1 m.s. dans chaque m. (15 m.).
Tour 7 : *1 m.s., 1 dim.*, répétez encore 4 fois de * à * (10 m.).
Tours 8 à 20 : 1 m.s. dans chaque m. (10 m.).
Tour 21 : *1 m.s., 1 dim.*, répétez encore 2 fois de * à * (7 m.).
Rembourrez. Coupez le fil en laissant une longueur suffisante pour la couture et pour le rentrer.

OREILLES

Avec du fil marron clair ou beige :
Tour 1 : crochetez un cercle de 6 m.s. (6 m.).
Tour 2 : (6 m.) [1 m.s. dans chaque m.].
Tour 3 : 1 augm. dans chaque m. (12 m.).
Tour 4 : 1 m.s. dans chaque m. (12 m.).
Tour 5 : *1 m.s., 1 augm.*, répétez encore 5 fois de * à * (18 m.).
Tour 6 : 1 m.s. dans chaque m. (18 m.).
Tour 7 : *2 m.s., 1 augm.*, répétez encore 5 fois de * à * (24 m.).
Tour 8 : 1 m.s. dans chaque m. (24 m.).
Tour 9 : *2 m.s., 1 dim.*, répétez encore 5 fois de * à * (18 m.).
Tours 10 à 12 : 1 m.s. dans chaque m. (18 m.).
Ne rembourrez pas. Coupez le fil en laissant une longueur suffisante pour la couture et pour le rentrer.

Intérieur des oreilles

Avec du fil de couleur claire, crochetez des 2 côtés de la chaînette de base composée de 7 m.l. N'oubliez pas que la 1re m.s. s'effectue dans la 2e m.l. à partir du crochet.
Tour 1 : 1 augm., 1 m.s., 2 demi-br., 1 m.s., 3 m.s. dans la dernière m.l. De l'autre côté de la chaînette : 1 m.s., 2 demi-br., 2 m.s. Terminez par 1 m.c.
Ne rembourrez pas. Coupez le fil en laissant une longueur suffisante pour la couture et pour le rentrer.

QUEUE

Avec du fil marron clair ou beige :
Tour 1 : crochetez un cercle de 5 m.s. (5 m.).
Tour 2 : 1 m.s. dans chaque m. (5 m.).
Tour 3 : 1 augm. dans chaque m. (10 m.).
Tour 4 : 1 m.s. dans chaque m. (10 m.).
Tour 5 : *1 m.s., 1 augm.*, répétez encore 4 fois de * à * (15 m.).
Ne rembourrez pas. Coupez le fil en laissant une longueur suffisante pour la couture et pour le rentrer.

BOIS

Avec du fil de couleur claire :
Tour 1 : crochetez un cercle de 5 m.s. (5 m.).
Tour 2 : 1 m.s. dans chaque m. (5 m.).
Tour 3 : 1 augm. dans chaque m. (10 m.).
Tours 4 à 9 : 1 m.s. dans chaque m. (10 m.).
Rembourrez. Coupez le fil en laissant une longueur suffisante pour la couture et pour le rentrer.

Rodolpho est très discret. Il n'a de problèmes avec personne, mais je crois que c'est en fait parce qu'il ne parle pas. Les relations humaines, ce n'est vraiment pas son fort. Il préfère les lieux peu fréquentés, loin du vacarme. Et il n'aime pas le froid, mais alors pas du tout. Il apprécie la chaleur du sable et la brise de la mer, même si ses petites pattes transpirent.

Mei
la minette

Mei est une fille et elle ne porte pas de jupe. Elle préfère explorer le monde plutôt que de se préoccuper de son apparence. Elle adore voyager, parcourir les endroits les plus secrets de la planète et profiter du silence, en paix avec son monde intérieur et celui qui l'entoure. Comme tout félin qui se respecte, Mei sait disparaître lorsqu'elle ne veut pas qu'on la dérange, mais elle est toujours là quand on a besoin d'elle. Elle pourrait ne se nourrir que de fish and chips.

Le défi ici est de modifier un peu la forme de la tête, grâce aux augmentations, pour qu'elle soit plus joufflue.

Hauteur : 25 cm

Fil : coton moyen

Quantité : 90 g

Couleurs :

Crochet : 2,75 mm

Autres :
Rembourrage
Yeux de sécurité

MUSEAU

Avec du fil écru ou de couleur naturelle :

Tour 1 : crochetez un cercle de 6 m.s. (6 m.).

Tour 2 : 1 augm. dans chaque m. (12 m.).

Tour 3 : *1 m.s., 1 augm.*, répétez encore 5 fois de * à * (18 m.).

Tour 4 : *2 m.s., 1 augm.*, répétez encore 5 fois de * à * (24 m.).

Tour 5 : 1 m.s. dans chaque m. (24 m.).

Rembourrez un peu. Coupez le fil en laissant une longueur suffisante pour la couture et pour le rentrer. Brodez le nez et la bouche.

TÊTE, CORPS ET PATTES

D'un seul tenant. Avec du fil gris clair :

Tour 1 : crochetez un cercle de 6 m.s. (6 m.).

Tour 2 : 1 augm. dans chaque m. (12 m.).

Tour 3 : *1 m.s., 1 augm.*, répétez encore 5 fois de * à * (18 m.).

Tour 4 : *2 m.s., 1 augm.*, répétez encore 5 fois de * à * (24 m.).

Tour 5 : *3 m.s., 1 augm.*, répétez encore 5 fois de * à * (30 m.).

Tour 6 : *4 m.s., 1 augm.*, répétez encore 5 fois de * à * (36 m.).

Tour 7 : *5 m.s., 1 augm.*, répétez encore 5 fois de * à * (42 m.).

Tour 8 : *6 m.s., 1 augm.*, répétez encore 5 fois de * à * (48 m.).

Tour 9 : *7 m.s., 1 augm.*, répétez encore 5 fois de * à * (54 m.).

Tours 10 à 17 : 1 m.s. dans chaque m. (54 m.).

Tour 18 : 10 m.s., 7 augm., 20 m.s., 7 augm., 10 m.s. (68 m.).

Tour 19 : 1 m.s. dans chaque m. (68 m.).
Tour 20 : 10 m.s., 7 dim., 20 m.s., 7 dim., 10 m.s. (54 m.).
Tour 21 : *7 m.s., 1 dim.*, répétez encore 5 fois de * à * (48 m.).
Tour 22 : *6 m.s., 1 dim.*, répétez encore 5 fois de * à * (42 m.).
Tour 23 : *5 m.s., 1 dim.*, répétez encore 5 fois de * à * (36 m.).
Tour 24 : *4 m.s., 1 dim.*, répétez encore 5 fois de * à * (30 m.).
Cousez le museau. Fixez ou brodez les yeux.
Tour 25 : *3 m.s., 1 dim.*, répétez encore 5 fois de * à * (24 m.).
Tour 26 : *2 m.s., 1 dim.*, répétez encore 5 fois de * à * (18 m.).
Rembourrez la tête.
Tour 27 : *1 m.s., 1 dim.*, répétez encore 5 fois de * à * (12 m.).
Tour 28 : 1 m.s. dans chaque m. (12 m.).
Crochetez avec la couleur 1 du t-shirt.
Tour 29 : *1 m.s., 1 augm.*, répétez encore 5 fois de * à * (18 m.).
Crochetez avec la couleur 2 du t-shirt.
Alternez 1 tour d'une couleur, 1 tour de l'autre.
Tour 30 : *2 m.s., 1 augm.*, répétez encore 5 fois de * à * (24 m.).
Tours 31 à 35 : 1 m.s. dans chaque m. (24 m.).
Avec la couleur du corps, crochetez en piquant sous le brin arrière – seulement si vous réalisez le t-shirt.
Tour 36 : 1 m.s. dans chaque m. (24 m.).
Crochetez en piquant sous les 2 brins.
Tour 37 : 1 m.s. dans chaque m. (24 m.).

1re PATTE

Divisez l'ouvrage pour réaliser la 1re patte. Marquez le milieu du devant du personnage, en prenant comme référence l'emplacement du museau. Pour cela, descendez jusqu'au dernier tour et placez l'anneau marqueur. Comptez 12 m.s. vers la gauche, en allant vers le dos. À partir de la 12e maille, crochetez 3 m.l. et réalisez 1 m.s. dans la maille où il y a l'anneau marqueur pour fermer. Cette m.s. de jointure est la 1re maille du tour 1 de la patte.
Tour 38 : 12 m.s., 3 m.s. sur les 3 m.l. réalisées pour diviser l'ouvrage – en piquant sous le brin le plus près de la patte que vous êtes en train de crocheter (15 m.).
Tours 39 à 61 : 1 m.s. dans chaque m. (15 m.).
Rembourrez le corps et la 1re patte.
Tour 62 : *1 m.s., 1 dim.*, répétez encore 4 fois de * à * (10 m.).
Tour 63 : 5 dim. (5 m.).
Coupez le fil en laissant une longueur suffisante pour le rentrer.

2nde PATTE

Reprenez l'ouvrage à partir du dos et crochetez 12 m.s. sur l'autre moitié ; crochetez aussi 3 m.s. sur la même chaînette que celle réalisée pour la 1re patte. Continuez à crocheter de la même manière qu'à partir du tour 39 de la 1re patte.

BRAS

Avec du fil gris clair :
Tour 1 : crochetez un cercle de 5 m.s. (5 m.).
Tour 2 : 1 augm. dans chaque m. (10 m.).
Tour 3 : *1 m.s., 1 augm.*, répétez encore 4 fois de * à * (15 m.).
Tour 4 : 1 m.s. dans chaque m. (15 m.).
Tour 5 : 1 m.s., 1 point pop-corn, 13 m.s. (15 m.).
Tour 6 : 1 m.s. dans chaque m. (15 m.).
Tour 7 : *1 m.s., 1 dim.*, répétez encore 4 fois de * à * (10 m.).
Tours 8 à 20 : 1 m.s. dans chaque m. (10 m.).
Tour 21 : *1 m.s., 1 dim.*, répétez encore 2 fois de * à * (7 m.).
Rembourrez. Coupez le fil en laissant une longueur suffisante pour la couture et pour le rentrer.

OREILLES

Avec du fil gris clair :
Tour 1 : crochetez un cercle de 5 m.s. (5 m.).
Tour 2 : 1 m.s. dans chaque m. (5 m.).
Tour 3 : 1 augm. dans chaque m. (10 m.).
Tour 4 : 1 m.s. dans chaque m. (10 m.).
Tour 5 : *1 m.s., 1 augm.*, répétez encore 4 fois de * à * (15 m.).
Tour 6 : 1 m.s. dans chaque m. (15 m.).
Ne rembourrez pas. Coupez le fil en laissant une longueur suffisante pour la couture et pour le rentrer.

QUEUE

Rembourrez au fur et à mesure que vous crochetez la queue.
Avec du fil écru ou de couleur naturelle :
Tour 1 : crochetez un cercle de 8 m.s. (8 m.).
Tours 2 à 11 : 1 m.s. dans chaque m. (8 m.).
Avec du fil gris clair :
Tours 11 à 40 : 1 m.s. dans chaque m. (8 m.).
Coupez le fil en laissant une longueur suffisante pour la couture et pour le rentrer.

Salomon l'éléphant

Salomon est un grand explorateur. Il a foulé toutes les terres et il a navigué sur toutes les mers. Il voyage pour écouter ce que personne n'entend et décrire en détail ce que personne ne prend le temps d'observer.

Salomon est l'une de mes plus anciennes réalisations. Au fil du temps, il a subi plusieurs transformations : plus mince, avec d'autres vêtements, et parfois mauve – ne me demandez pas pourquoi, je n'en sais rien !

En revanche, il s'est toujours appelé Salomon, en hommage au grand éléphant du roman de José Saramago *Le Voyage de l'éléphant* et non pas Babar, ça aurait été trop facile !

Avec Salomon, la forme de la tête et du corps change un peu, en s'éloignant des longues pattes qui prédominent dans tout le groupe. La nouveauté réside dans les oreilles, que l'on commence à crocheter comme le museau de Jacques et de Pablo, sans augmentations, pour créer une surface plane.

Hauteur : 27 cm

Fil : coton moyen

Quantité : 100 g

Couleurs :

Crochet : 2,75 mm

Autres :
Rembourrage
Yeux de sécurité

TROMPE

Avec du fil gris :

Tour 1 : crochetez un cercle de 8 m.s. (8 m.).
Tours 2 et 3 : 1 m.s. dans chaque m. (8 m.).
Tour 4 : 3 augm., 5 m.s. (11 m.).
Tours 5 et 6 : 1 m.s. dans chaque m. (11 m.).
Tour 7 : *1 m.s., 1 augm.*, répétez encore 2 fois de * à *, 5 m.s. (14 m.).
Tours 8 et 9 : 1 m.s. dans chaque m. (14 m.).
Tour 10 : *2 m.s., 1 augm.*, répétez encore 2 fois de * à *, 5 m.s. (17 m.).
Tours 11 et 12 : 1 m.s. dans chaque m. (17 m.).
Tour 13 : *3 m.s., 1 augm.*, répétez encore 2 fois de * à *, 5 m.s. (20 m.).
Tours 14 et 15 : 1 m.s. dans chaque m. (20 m.).
Tour 16 : *4 m.s., 1 augm.*, répétez encore 2 fois de * à *, 5 m.s. (23 m.).
Tours 17 et 18 : 1 m.s. dans chaque m. (23 m.).

Rembourrez un peu, mais pas trop pour qu'elle ne se redresse pas. Coupez le fil en laissant une longueur suffisante pour la couture et pour le rentrer.

TÊTE, CORPS ET PATTES

D'un seul tenant. Avec du fil gris :

Tour 1 : crochetez un cercle de 6 m.s. (6 m.).
Tour 2 : 1 augm. dans chaque m. (12 m.).
Tour 3 : *1 m.s., 1 augm.*, répétez encore 5 fois de * à * (18 m.).
Tour 4 : *2 m.s., 1 augm.*, répétez encore 5 fois de * à * (24 m.).
Tour 5 : *3 m.s., 1 augm.*, répétez encore 5 fois de * à * (30 m.).
Tour 6 : *4 m.s., 1 augm.*, répétez encore 5 fois de * à * (36 m.).
Tour 7 : *5 m.s., 1 augm.*, répétez encore 5 fois de * à * (42 m.).
Tour 8 : *6 m.s., 1 augm.*, répétez encore 5 fois de * à * (48 m.).
Tour 9 : *7 m.s., 1 augm.*, répétez encore 5 fois de * à * (54 m.).
Tours 10 à 17 : 1 m.s. dans chaque m. (54 m.).
Tour 18 : *2 m.s., 1 augm.*, répétez encore 17 fois de * à * (72 m.).
Tours 19 et 20 : 1 m.s. dans chaque m. (72 m.).
Tour 21 : *2 m.s., 1 dim.*, répétez encore 17 fois de * à * (54 m.).
Tour 22 : *7 m.s., 1 dim.*, répétez encore 5 fois de * à * (48 m.).
Tour 23 : *6 m.s., 1 dim.*, répétez encore 5 fois de * à * (42 m.).
Tour 24 : *5 m.s., 1 dim.*, répétez encore 5 fois de * à * (36 m.).
Tour 25 : *4 m.s., 1 dim.*, répétez encore 5 fois de * à * (30 m.).

Cousez la trompe. Fixez ou brodez les yeux.

Tour 26 : *3 m.s., 1 dim.*, répétez encore 5 fois de * à * (24 m.).
Tour 27 : 1 m.s. dans chaque m. (24 m.).

Pour crocheter le t-shirt, alternez 1 tour d'une couleur, 1 tour de l'autre.

Tour 28 : *3 m.s., 1 augm.*, répétez encore 5 fois de * à * (30 m.).
Tour 29 : *4 m.s., 1 augm.*, répétez encore 5 fois de * à * (36 m.).
Tours 30 à 34 : 1 m.s. dans chaque m. (36 m.).

Avec la couleur du corps, crochetez en piquant sous le brin arrière.

Tour 35 : *5 m.s., 1 augm.*, répétez encore 5 fois de * à * (42 m.).
Tours 36 à 44 : 1 m.s. dans chaque m. (42 m.).

1RE PATTE

Divisez l'ouvrage pour réaliser la 1re patte. Marquez le milieu du devant du personnage, en prenant comme référence l'emplacement de la bouche. Pour cela, descendez jusqu'au dernier tour et placez l'anneau marqueur. Comptez 21 m.s. vers la gauche, en allant vers le dos. À partir de la 21e maille, crochetez 3 m.l. et réalisez 1 m.s. dans la maille où il y a l'anneau marqueur pour fermer. Cette m.s. de jointure est la 1re maille du tour 1 de la patte.

Tour 45 : crochetez 21 m.s., 3 m.s. sur les 3 m.l. que vous avez réalisées pour diviser l'ouvrage – en piquant sous le brin le plus près de la patte que vous êtes en train de crocheter (24 m.).
Tours 46 à 62 : 1 m.s. dans chaque m. (24 m.).

Rembourrez le corps et la 1re patte.

Tour 63 : *2 m.s., 1 dim.*, répétez encore 5 fois de * à * (18 m.).
Tour 64 : *1 m.s., 1 dim.*, répétez encore 5 fois de * à * (12 m.).
Tour 65 : 6 dim. (6 m.).

Coupez le fil en laissant suffisamment de longueur pour le rentrer.

2NDE PATTE

Reprenez l'ouvrage à partir du dos et crochetez 21 m.s. sur l'autre moitié ; crochetez aussi 3 m.s. sur la même chaînette que celle réalisée pour la 1re patte. Continuez à crocheter de la même manière qu'à partir du tour 45 de la 1re patte.

QUEUE

Avec du fil gris :

Tour 1 : crochetez un cercle de 4 m.s. (4 m.).
Tours 2 à 4 : 1 m.s. dans chaque m. (4 m.).

Ne rembourrez pas. Coupez le fil en laissant une longueur suffisante pour la couture et pour le rentrer.

OREILLES

Avec du fil gris, crochetez des 2 côtés de la chaînette de base composée de 17 m.l. N'oubliez pas que la 1re m.s. s'effectue dans la 2e m.l. à partir du crochet.

Tour 1 : 1 augm., 14 m.s., 4 m.s. dans la dernière m.l. De l'autre côté de la chaînette : 14 m.s., 1 augm. (36 m.).

Continuez à crocheter en spirale.

Tours 2 à 10 : 1 m.s. dans chaque m. (36 m.).

Ne rembourrez pas. Coupez le fil en laissant une longueur suffisante pour la couture et pour le rentrer.

Ne vous inquiétez pas si l'ouvrage s'enroule un peu, c'est normal. En effet, cela arrive chaque fois que l'on travaille de cette manière autour d'une chaînette : plus la chaînette de base est longue, plus l'ouvrage s'enroule. Si cela ne vous convient pas, crochetez les oreilles à partir d'un rond plat.

DÉFENSES

Avec du fil écru ou blanc :

Tour 1 : crochetez un cercle de 4 m.s. (4 m.).

Tour 2 : 1 augm. dans chaque m. (8 m.).

Tours 3 à 5 : 1 m.s. dans chaque m. (8 m.).

Rembourrez un peu. Coupez le fil en laissant une longueur suffisante pour la couture et pour le rentrer.

BRAS

Avec du fil gris :

Tour 1 : crochetez un cercle de 5 m.s. (5 m.).

Tour 2 : 1 augm. dans chaque m. (10 m.).

Tour 3 : *1 m.s., 1 augm.*, répétez encore 4 fois de * à * (15 m.).

Tour 4 : 1 m.s. dans chaque m. (15 m.).

Tour 5 : 1 m.s., 1 point pop-corn, 13 m.s. (15 m.).

Tour 6 : 1 m.s. dans chaque m. (15 m.).

Tour 7 : *1 m.s., 1 dim.*, répétez encore 4 fois de * à * (10 m.).

Tours 8 à 20 : 1 m.s. dans chaque m. (10 m.).

Tour 21 : *1 m.s., 1 dim.*, répétez encore 2 fois de * à * (7 m.).

Rembourrez. Coupez le fil en laissant une longueur suffisante pour la couture et pour le rentrer.

Salomon est un poète, un romantique et un fanatique invétéré de tous les romans de Jules Verne. Évidemment, son style Phileas Fogg le trahit quelque peu lorsqu'il voyage.

Horacio l'ours polaire

Malgré son nom de grand-père italien, Horacio est l'un des plus jeunes du groupe. Il est né en 2013, peu avant Noël ; j'avais dans l'idée de crocheter quelques cadeaux en variant un peu les formes que j'avais l'habitude de réaliser et dont je commençais à me lasser.

Plus rondelet que mes autres personnages, il est inspiré par Totoro – dans mon carnet, j'ai écrit « corps totoresque ». Il possède également un petit détail supplémentaire au niveau des pattes : elles sont séparées par plusieurs mailles que l'on referme après avoir terminé les deux extrémités. Mais rien de bien compliqué, je vous rassure ! Bien évidemment, c'est une technique que vous pourrez appliquer à d'autres personnages.

Hauteur : 15 cm

Fil : coton moyen

Quantité : 60 g

Couleurs :

Crochet : 2,75 mm

Autres :
Rembourrage
Yeux de sécurité

MUSEAU

Avec du fil écru ou de couleur naturelle :
Tour 1 : crochetez un cercle de 6 m.s. (6 m.).
Tour 2 : 1 augm. dans chaque m. (12 m.).
Tours 3 à 5 : 1 m.s. dans chaque m. (12 m.).
Rembourrez un tout petit peu. Coupez le fil en laissant une longueur suffisante pour la couture et pour le rentrer. Brodez le nez et la bouche.

TÊTE, CORPS ET PATTES

D'un seul tenant. Avec du fil écru ou de couleur naturelle :
Tour 1 : crochetez un cercle de 6 m.s. (6 m.).
Tour 2 : 1 augm. dans chaque m. (12 m.).
Tour 3 : *1 m.s., 1 augm.*, répétez encore 5 fois de * à * (18 m.).
Tour 4 : *2 m.s., 1 augm.*, répétez encore 5 fois de * à * (24 m.).
Tour 5 : *3 m.s., 1 augm.*, répétez encore 5 fois de * à * (30 m.).
Tour 6 : *4 m.s., 1 augm.*, répétez encore 5 fois de * à * (36 m.).
Tour 7 : *5 m.s., 1 augm.*, répétez encore 5 fois de * à * (42 m.).
Tours 8 à 15 : 1 m.s. dans chaque m. (42 m.).
Pour crocheter le t-shirt, alternez 1 tour d'une couleur, 2 tours de l'autre.
Tours 16 et 17 : 1 m.s. dans chaque m. (42 m.).
Cousez le museau. Fixez ou brodez les yeux.
Tour 18 : *6 m.s., 1 augm.*, répétez encore 5 fois de * à * (48 m.).
Tours 19 à 28 : 1 m.s. dans chaque m. (48 m.). Généralement, je crochète ce dernier tour dans une 3e troisième couleur.
Avec la couleur du corps, crochetez en piquant sous le brin arrière – seulement si vous réalisez le t-shirt.
Tour 29 : *7 m.s., 1 augm.*, répétez encore 5 fois de * à * (54 m.).
Crochetez en piquant sous les 2 brins.
Tours 30 à 32 : 1 m.s. dans chaque m. (54 m.).
Tour 33 : *7 m.s., 1 dim.*, répétez encore 5 fois de * à * (48 m.).
Tours 34 et 35 : 1 m.s. dans chaque m. (48 m.).
Tour 36 : *6 m.s., 1 dim.*, répétez encore 5 fois de * à * (42 m.).
Tour 37 : 1 m.s. dans chaque m. (42 m.).

1RE PATTE

Divisez l'ouvrage pour réaliser la 1re patte. Marquez 3 mailles centrales sur le devant du personnage, en prenant comme référence l'emplacement du museau. À partir de la 3e m.s. du milieu devant, comptez 18 m.s. vers la gauche, en allant vers le dos, et placez un anneau marqueur. Joignez la 18e m.s. dans le dos à la 1re m.s. sur le devant à l'aide de 1 m.s. Cette m.s. de jointure est la 1re maille du tour 1 de la patte.

Pour marquer le milieu sur ce type de personnages qui sont plus larges, procédez de la manière suivante : sans rembourrage, aplatissez-les bien de sorte qu'ils soient presque à plat et cherchez le milieu. Après avoir marqué et joint la patte, rembourrez un peu et vérifiez que l'entrepatte et le museau sont bien centrés.

Tours 38 à 41 : 1 m.s. dans chaque m. (18 m.).
Tour 42 : *1 m.s., 1 dim.*, répétez encore 5 fois de * à * (12 m.).
Tour 43 : 1 m.s. dans chaque m. (12 m.).
Tour 44 : 6 dim. (6 m.).
Rembourrez le corps et la 1re patte. Coupez le fil en laissant suffisamment de longueur pour le rentrer.

2NDE PATTE

Comptez 3 m.s. dans le dos à partir de la 1re patte. Reprenez l'ouvrage et crochetez de la même manière que la 1re patte. Finissez de rembourrer et fermez le corps en cousant les 3 mailles centrales.

BRAS

Avec du fil écru ou de couleur naturelle :
Tour 1 : crochetez un cercle de 5 m.s. (5 m.).
Tour 2 : 1 augm. dans chaque m. (10 m.).
Tour 3 : *1 m.s., 1 augm.*, répétez encore 4 fois de * à * (15 m.).
Tour 4 : 1 m.s. dans chaque m. (15 m.).
Tour 5 : 1 m.s., 1 point pop-corn, 13 m.s. (15 m.).
Tour 6 : 1 m.s. dans chaque m. (15 m.).
Tour 7 : *1 m.s., 1 dim.*, répétez encore 4 fois de * à * (10 m.).
Tours 8 à 12 : 1 m.s. dans chaque m. (10 m.).
Tour 13 : *1 m.s., 1 dim.*, répétez encore 2 fois de * à * (7 m.).
Rembourrez. Coupez le fil en laissant une longueur suffisante pour la couture et pour le rentrer.

OREILLES

Avec du fil écru ou de couleur naturelle :
Tour 1 : crochetez un cercle de 6 m.s. (6 m.).
Tour 2 : 1 augm. dans chaque m. (12 m.).

Tour 3 : 1 m.s. dans chaque m. (12 m.).
Ne rembourrez pas. Coupez le fil en laissant une longueur suffisante pour la couture et pour le rentrer.

QUEUE

Avec du fil écru ou de couleur naturelle :
Tour 1 : crochetez un cercle de 5 m.s. (5 m.).
Tours 2 à 4 : 1 m.s. dans chaque m. (5 m.).
Ne rembourrez pas. Coupez le fil en laissant une longueur suffisante pour la couture et pour le rentrer.

Horacio s'est échappé du zoo. C'est un garçon sympathique, qui aime faire les boutiques et c'est un fin gourmet. Il a débuté très jeune sa carrière dans la gastronomie et il a fait fortune dans le commerce du café (c'est un grand collectionneur de cafetières et de grains de café du monde entier). Il possède aujourd'hui des cafés dans les plus jolis villages et villes du monde, ce qui lui donne un bon prétexte pour voyager là où le climat le transporte.

Juana le ouistiti

Juana est une danseuse d'exception, qui aime danser juste pour le plaisir de sentir l'air sur son visage. C'est le ouistiti le plus généreux que vous pourrez rencontrer, capable de partager même sa dernière frite !

Juana a été la première fille du groupe et c'est ainsi que j'ai appelé ma fille, quelques années plus tard. Cette version est le modèle réduit du ouistiti original. Ce tuto vous sera utile pour crocheter des versions miniatures de tous les personnages.

Hauteur : 15 cm

Fil : coton moyen

Quantité : 50 g

Couleurs :

Crochet : 2,75 mm

Autres :
Rembourrage
Yeux de sécurité

MUSEAU

Avec du fil de couleur claire, crochetez des 2 côtés de la chaînette de base composée de 6 m.l. N'oubliez pas que la 1re m.s. s'effectue dans la 2e m.l. à partir du crochet.

Tour 1 : 1 augm., 3 m.s., 4 m.s. dans la dernière m.l. De l'autre côté de la chaînette : 3 m.s., 1 augm. (14 m.).

Continuez à crocheter en spirale.

Tour 1 : 1 augm., 5 m.s., 2 augm., 5 m.s., 1 augm. (18 m.).

Tour 2 : 1 augm., 7 m.s., 2 augm., 7 m.s., 1 augm. (22 m.).

Tour 3 : 1 m.s. dans chaque m. (22 m.).

Ne rembourrez pas. Coupez le fil en laissant une longueur suffisante pour la couture et pour le rentrer. Brodez la bouche et le nez.

TÊTE, CORPS ET PATTES

D'un seul tenant. Avec du fil taupe :

Tour 1 : crochetez un cercle de 6 m.s. (6 m.).

Tour 2 : 1 augm. dans chaque m. (12 m.).

Tour 3 : *1 m.s., 1 augm.*, répétez encore 5 fois de * à * (18 m.).

Tour 4 : *2 m.s., 1 augm.*, répétez encore 5 fois de * à * (24 m.).

Tour 5 : *3 m.s., 1 augm.*, répétez encore 5 fois de * à * (30 m.).

Tour 6 : *4 m.s., 1 augm.*, répétez encore 5 fois de * à * (36 m.).

Tour 7 : *5 m.s., 1 augm.*, répétez encore 5 fois de * à * (42 m.).

Tours 8 à 15 : 1 m.s. dans chaque m. (42 m.).

Tour 16 : *5 m.s., 1 dim.*, répétez encore 5 fois de * à * (36 m.).

Tour 17 : *4 m.s., 1 dim.*, répétez encore 5 fois de * à * (30 m.).

Cousez le museau. Fixez ou brodez les yeux.

Tour 18 : *3 m.s., 1 dim.*, répétez encore 5 fois de * à * (24 m.).

Tour 19 : *2 m.s., 1 dim.*, répétez encore 5 fois de * à * (18 m.).

Rembourrez la tête.

Tour 20 : *1 m.s., 1 dim.*, répétez encore 5 fois de * à * (12 m.).

Tour 21 : 1 m.s. dans chaque m. (12 m.).

Crochetez avec la couleur 1 du t-shirt.

Tour 22 : 1 m.s. dans chaque m. (12 m.).

Crochetez avec la couleur 2 du t-shirt. Alternez 1 tour d'une couleur, 1 tour de l'autre.

Tour 23 : *1 m.s., 1 augm.*, répétez encore 5 fois de * à * (18 m.).

Tours 24 à 27 : 1 m.s. dans chaque m. (18 m.).

Avec la couleur du corps, crochetez en piquant sous le brin arrière – seulement si vous réalisez la jupe.

Tour 28 : 1 m.s. dans chaque m. (18 m.).
Crochetez en piquant sous les 2 brins.
Tour 29 : 1 m.s. dans chaque m. (18 m.).

1re PATTE

Divisez l'ouvrage pour réaliser la 1re patte. Marquez le milieu du devant de l'animal, en prenant comme référence l'emplacement du museau. Pour cela, descendez jusqu'au dernier tour et placez l'anneau marqueur. Comptez 9 m.s. vers la gauche, en allant vers le dos. À partir de la 9e maille, crochetez 1 m.l. et joignez-la sur le milieu devant à la maille où vous avec placé l'anneau marqueur à l'aide de 1 m.s. Cette m.s. de jointure est la 1re maille du tour 1 de la patte.
Tour 30 : 9 m.s., 1 m.s. sur les 3 m.l. réalisées pour diviser l'ouvrage – en piquant sous le brin le plus près de la patte que vous êtes en train de crocheter (10 m.).
Tours 31 à 47 : 1 m.s. dans chaque m. (10 m.).
Rembourrez le corps et la 1re patte.
Tour 48 : 5 dim. (5 m.).
Coupez le fil en laissant une longueur suffisante pour le rentrer.

2nde PATTE

Reprenez l'ouvrage à partir du dos et crochetez 9 m.s. sur l'autre moitié ; crochetez aussi 1 m.s. sur la même chaînette que celle réalisée pour la 1re patte. Continuez à crocheter de la même manière qu'à partir du tour 31 de la 1re patte.

JUPE

Crochetez en piquant sous le brin avant des 18 m.s. du tour 28, avec la couleur 1 de la jupe.
Tour 1 : 1 m.s. dans chaque m. (18 m.).
Crochetez avec la couleur 2 de la jupe. Alternez 1 tour d'une couleur, 1 tour de l'autre.
Tour 2 : *1 m.s., 1 augm. * jusqu'à la fin du tour (27 m.).
Tour 3 : *2 m.s., 1 augm. * jusqu'à la fin du tour (36 m.).
Tour 4 : *2 m.s., 1 augm. * jusqu'à la fin du tour (48 m.).
Tour 5 : 1 m.s. dans chaque m. (48 m.).
Tour 6 : 1 m.c. dans chaque m. (48 m.).
Coupez le fil en laissant une longueur suffisante pour le rentrer.

BRAS

Avec du fil taupe :
Tour 1 : crochetez un cercle de 4 m.s. (4 m.).
Tour 2 : 1 augm. dans chaque m. (8 m.).
Tour 3 : *1 m.s., 1 augm.*, répétez encore 3 fois de * à * (12 m.).
Tour 4 : 1 m.s., 1 point pop-corn, 10 m.s. (12 m.).
Tour 5 : 1 m.s. dans chaque m. (12 m.).
Tour 6 : *1 m.s., 1 dim.*, répétez encore 3 fois de * à * (8 m.).
Tours 7 à 17 : 1 m.s. dans chaque m. (8 m.).
Tour 18 : *1 m.s., 1 dim.*, répétez encore 1 fois de * à *, 2 m.s. (6 m.).
Rembourrez. Coupez le fil en laissant une longueur suffisante pour la couture et pour le rentrer.

OREILLES

Avec du fil taupe :
Tour 1 : crochetez un cercle de 6 m.s. (6 m.).
Tour 2 : 1 augm. dans chaque m. (12 m.).
Tour 3 : *1 m.s., 1 augm.*, répétez encore 5 fois de * à * (18 m.).
Tour 4 : 1 m.s. dans chaque m. (18 m.).
Tour 5 : *1 m.s., 1 dim.*, répétez encore 5 fois de * à * (12 m.).
Tour 6 : 6 dim. (6 m.).
Ne rembourrez pas. Coupez le fil en laissant une longueur suffisante pour la couture et pour le rentrer (voir « Oreilles en forme de bouton », p. 69).

QUEUE

Avec du fil taupe :
Tour 1 : crochetez un cercle de 6 m.s. (6 m.).
Tours 2 à 20 : 1 m.s. dans chaque m. (6 m.).
Ne rembourrez pas. Coupez le fil en laissant une longueur suffisante pour la couture et pour le rentrer.

Juana n'aime pas trop les bonbons et préfère toujours une bonne part de pizza. Son plus grand trésor est une collection de figurines articulées de presque toutes les séries animées depuis les années 1960.

Simon le tigre

C'est le plus coquin de tous les personnages ! Toujours allongé sur une branche, les pattes et la queue dans l'eau, il ne pense à rien, pour ne pas trop stresser.

Il écoute de la musique à longueur de journée, il s'entend avec tout le monde et il adore discuter. C'est un ami fidèle, mais si vous avez quelque chose à lui demander, mieux vaut s'y prendre plusieurs mois à l'avance. Il adore les beignets au riz. Simon c'est aussi mon fils ado !
Ce personnage est pratiquement de la même taille que Juana, mais il a les joues de Mei la minette et les pattes dans le style de celles d'Horacio.

Simon est un bon moyen pour vous entraîner à crocheter des rayures.

Hauteur : 15 cm

Fil : coton moyen

Quantité : 50 g

Couleurs :

Crochet : 2,75 mm

Autres :
Rembourrage
Yeux de sécurité

MUSEAU

Avec du fil écru ou de couleur naturelle :
Tour 1 : crochetez un cercle de 6 m.s. (6 m.).
Tour 2 : 1 augm. dans chaque m. (12 m.).
Tour 3 : 1 m.s. dans chaque m. (12 m.).
Rembourrez un petit peu. Coupez le fil en laissant une longueur suffisante pour la couture et pour le rentrer. Brodez le nez et la bouche.

TÊTE, CORPS ET PATTES

D'un seul tenant. Avec du fil orange :
Tour 1 : crochetez un cercle de 6 m.s. (6 m.).
Tour 2 : 1 augm. dans chaque m. (12 m.).
Tour 3 : *1 m.s., 1 augm.*, répétez encore 5 fois de * à * (18 m.).
Tour 4 : *2 m.s., 1 augm.*, répétez encore 5 fois de * à * (24 m.).
Tour 5 : *3 m.s., 1 augm.*, répétez encore 5 fois de * à * (30 m.).
Tour 6 : *4 m.s., 1 augm.*, répétez encore 5 fois de * à * (36 m.).
Tour 7 : *5 m.s., 1 augm.*, répétez encore 5 fois de * à * (42 m.).
Tours 8 et 9 : 1 m.s. dans chaque m. (42 m.).
Avec du fil orange et du fil noir :
Tour 10 : 5 m.s. en orange, 10 m.s. en noir, 12 m.s. en orange, 10 m.s. en noir, 5 m.s. en orange. (42 m.).
Avec du fil orange :
Tour 11 : 1 m.s. dans chaque m. (42 m.).
Tour 12 : répétez le tour 10 (42 m.).
Avec du fil écru, blanc ou de couleur naturelle :
Tour 13 : 8 m.s., 5 augm., 16 m.s., 5 augm., 8 m.s. (52 m.).
Tour 14 : 1 m.s. dans chaque m. (52 m.).
Tour 15 : 8 m.s., 5 dim., 16 m.s., 5 dim., 8 m.s. (42 m.).
Tour 16 : *5 m.s., 1 dim.*, répétez encore 5 fois de * à * (36 m.).
Tour 17 : *4 m.s., 1 dim.*, répétez encore 5 fois de * à * (30 m.).
Cousez le museau. Fixez ou brodez les yeux.
Tour 18 : *3 m.s., 1 dim.*, répétez encore 5 fois de * à * (24 m.).
Tour 19 : *2 m.s., 1 dim.*, répétez encore 5 fois de * à * (18 m.).
Tour 20 : 1 m.s. dans chaque m. (18 m.).
Crochetez avec la couleur 1 du t-shirt.
Tour 21 : *2 m.s., 1 augm.*, répétez encore 5 fois de * à * (24 m.).
Crochetez avec la couleur 2 du t-shirt.
Alternez 1 tour d'une couleur, 1 tour de l'autre.
Tours 22 à 26 : 1 m.s. dans chaque m. (24 m.).
Tour 27 : *3 m.s., 1 augm.*, répétez encore 5 fois de * à * (30 m.).
Tours 28 à 33 : 1 m.s. dans chaque m. (30 m.). J'aime crocheter le dernier tour avec du fil noir.
Avec la couleur du corps, crochetez en piquant sous le brin arrière – seulement si vous réalisez le t-shirt.
Tour 34 : 1 m.s. dans chaque m. (30 m.).
Crochetez en piquant sous les 2 brins.
Tour 35 : 1 m.s. dans chaque m. (30 m.).
Avec du fil orange et du fil noir :
Tour 36 : 6 m.s. en orange, 8 m.s. en noir, 7 m.s. en orange, 8 m.s. en noir, 1 m.s. en orange (30 m.).
Avec du fil orange :
Tour 37 : 1 m.s. dans chaque m. (30 m.).

1RE PATTE

Divisez l'ouvrage pour réaliser la 1re patte. Marquez 3 mailles centrales sur le devant du personnage, en prenant comme référence l'emplacement du museau. À partir de la 3e m.s. du milieu devant, comptez 12 m.s. vers la gauche, en allant vers le dos, et placez un anneau marqueur. Joignez la 12e m.s. dans le dos à la 1re m.s. sur le devant à l'aide de 1 m.s. Cette m.s. de jointure est la 1re maille du tour 1 de la patte.
Tours 38 à 41 : 1 m.s. dans chaque m. (12 m.).
Tour 42 : *1 m.s., 1 dim.*, répétez encore 3 fois de * à * (8 m.).
Tour 43 : *1 m.s., 1 dim.*, répétez encore 1 fois de * à *, 2 m.s. (6 m.).
Rembourrez le corps et la 1re patte. Coupez le fil en laissant une longueur suffisante pour le rentrer.

2NDE PATTE

Reprenez les 12 m.s. de l'autre moitié et crochetez de la même manière que la 1re patte. Fermez en cousant les 3 mailles du milieu.

QUEUE

Avec du fil noir :
Tour 1 : crochetez un cercle de 6 m.s. (6 m.).
Tour 2 : 1 m.s. dans chaque m. (6 m.).
Avec du fil orange :
Tours 3 et 12 : 1 m.s. dans chaque m. (6 m.).
Ne rembourrez pas. Coupez le fil en laissant une longueur suffisante pour la couture et pour le rentrer.

BRAS

Avec un fil orange :

Tour 1 : crochetez un cercle de 4 m.s. (4 m.).

Tour 2 : 1 augm. dans chaque m. (8 m.).

Tour 3 : *1 m.s., 1 augm.*, répétez encore 3 fois de * à * (12 m.).

Tour 4 : 1 m.s., 1 pop-corn, 10 m.s. (12 m.).

Tour 5 : 1 m.s. dans chaque m. (12 m.).

Tour 6 : *1 m.s., 1 dim.*, répétez encore 3 fois de * à * (8 m.).

Tours 7 à 11 : 1 m.s. dans chaque m. (8 m.).

Tour 12 : *1 m.s., 1 dim.*, répétez encore 1 fois de * à *, 2 m.s. (6 m.).

Rembourrez. Coupez le fil en laissant une longueur suffisante pour la couture et pour le rentrer.

OREILLES

Avec du fil noir :

Tour 1 : crochetez un cercle de 6 m.s. (6 m.).

Avec du fil orange :

Tour 2 : 1 augm. dans chaque m. (12 m.).

Tours 3 et 4 : 1 m.s. dans chaque m. (12 m.).

Ne rembourrez pas. Coupez le fil en laissant une longueur suffisante pour la couture et pour le rentrer.

INTÉRIEUR DES OREILLES

Avec du fil écru ou de couleur naturelle :

Tour 1 : crochetez un cercle de 6 m.s. (6 m.).

Ne rembourrez pas. Coupez le fil en laissant une longueur suffisante pour la couture et pour le rentrer.

Angus l'écureuil

Angus est l'un de mes premiers personnages. C'est un garçon en apparence sérieux, qui croit que l'on doit petit-déjeuner au moins trois fois par jour. C'est un excellent joueur de cornemuse qui, inutile de le préciser, est écossais et fier de l'être.

Cette version d'Angus est assez différente de la première que j'ai réalisée – à ses débuts, il était nu. À cette époque, je venais à peine de commencer à crocheter des personnages et j'avais beaucoup à apprendre (il me reste toujours beaucoup à apprendre, heureusement !). J'ai donc dû simplifier et adapter mes dessins à ce que je savais faire. Mon dilemme résidait dans son apparence : sa tête ressemblait plus à celle d'un castor que d'un écureuil.

Pour la difficulté, sa grande queue est crochetée en deux parties et doit être bien cousue au dos pour souligner son « écureuilleté » – oui, je sais, ce mot n'existe pas !

Hauteur : 18 cm

Fil : coton moyen

Quantité : 70 g

Couleurs :

Crochet : 2,75 mm

Autres :
Rembourrage
Yeux de sécurité

TÊTE, CORPS ET PATTES

D'un seul tenant. Avec du fil jaune orangé :
Tour 1 : crochetez un cercle de 6 m.s. (6 m.).
Tour 2 : 1 augm. dans chaque m. (12 m.).
Tour 3 : *1 m.s., 1 augm.*, répétez encore 5 fois de * à * (18 m.).
Tour 4 : *2 m.s., 1 augm.*, répétez encore 5 fois de * à * (24 m.).
Tour 5 : *3 m.s., 1 augm.*, répétez encore 5 fois de * à * (30 m.).
Tour 6 : *4 m.s., 1 augm.*, répétez encore 5 fois de * à * (36 m.).
Tour 7 : *5 m.s., 1 augm.*, répétez encore 5 fois de * à * (42 m.).
Tour 8 : *6 m.s., 1 augm.*, répétez encore 5 fois de * à * (48 m.).
Tours 9 à 15 : 1 m.s. dans chaque m. (48 m.).
Tour 16 : *6 m.s., 1 dim.*, répétez encore 5 fois de * à * (42 m.).
Tour 17 : *5 m.s., 1 dim.*, répétez encore 5 fois de * à * (36 m.).
Tour 18 : *4 m.s., 1 dim.*, répétez encore 5 fois de * à * (30 m.).
Brodez la bouche et le nez. Fixez ou brodez les yeux.
Tour 19 : *3 m.s., 1 dim.*, répétez encore 5 fois de * à * (24 m.).
Tour 20 : *2 m.s., 1 dim.*, répétez encore 5 fois de * à * (18 m.).
Tour 21 : 1 m.s. dans chaque m. (18 m.).
Rembourrez la tête.
Pour crocheter le t-shirt, alternez 1 tour d'une couleur, 1 tour de l'autre.
Tour 22 : *2 m.s., 1 augm.*, répétez encore 5 fois de * à * (24 m.).
Tour 23 : *3 m.s., 1 augm.*, répétez encore 5 fois de * à * (30 m.).
Tours 24 à 28 : 1 m.s. dans chaque m. (30 m.).
Crochetez en piquant sous le brin arrière – seulement si vous réalisez le t-shirt.
Tour 29 : *4 m.s., 1 augm.*, répétez encore 5 fois de * à * (36 m.).
Tours 30 à 44 : 1 m.s. dans chaque m. (36 m.).

1RE PATTE

Divisez l'ouvrage pour réaliser la 1re patte. Marquez 6 mailles centrales sur le devant du personnage, en prenant comme référence l'emplacement du museau. À partir de la 6e m.s., comptez 12 m.s. vers la gauche, en allant vers le dos, et placez un anneau marqueur. Joignez la 12e m.s. dans le dos à la 1re m.s. sur le devant à l'aide de 1 m.s. Cette m.s. de jointure est la 1re maille du tour 1 de la patte.
Tours 45 à 48 : 1 m.s. dans chaque m. (12 m.).
Tour 49 : 6 dim. (6 m.).

2NDE PATTE

Reprenez les 12 m.s. de l'autre moitié et crochetez de la même manière que la 1re patte.
Rembourrez le corps et les pattes. Fermez en cousant les 6 mailles centrales.

QUEUE

Avec du fil jaune orangé, crochetez en commençant par le haut, puis en la divisant en deux : son extrémité et la partie cousue sur le corps.

1RE PARTIE

Tour 1 : crochetez un cercle de 6 m.s. (6 m.).
Tour 2 : 1 augm. dans chaque m. (12 m.).

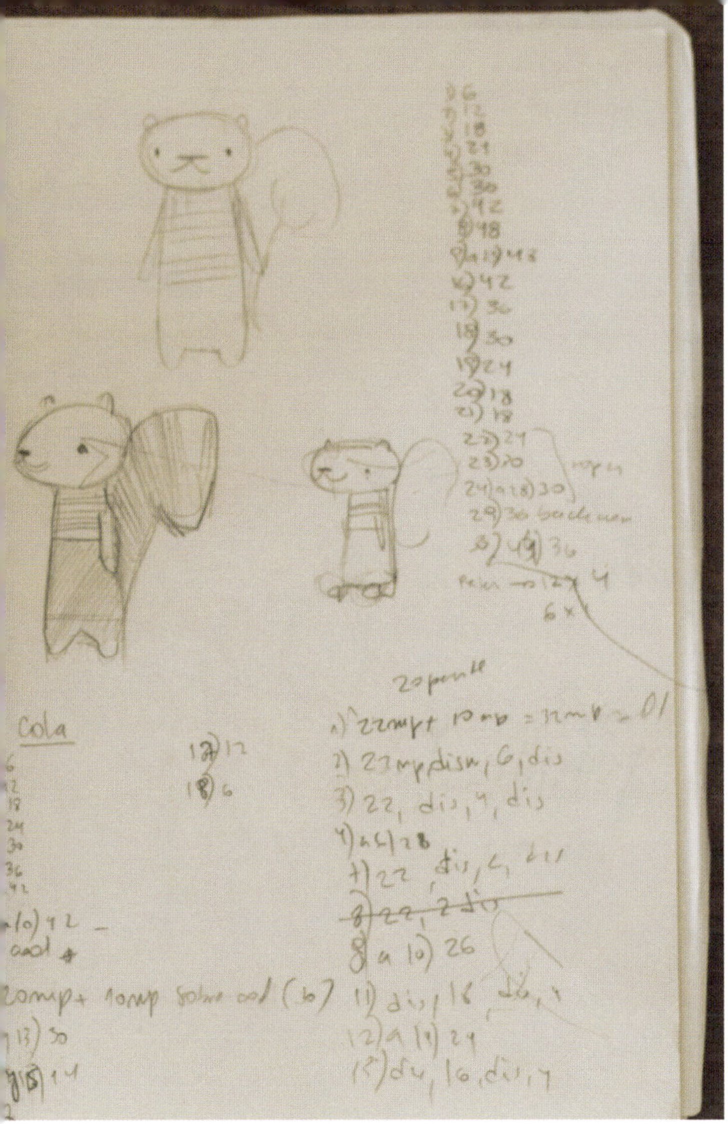

Il dit qu'il est l'ami des Hobbits. Je ne sais pas si je dois le croire. Mais Angus est écossais et je vous conseille de ne jamais contredire un Écossais.

Tour 3 : *1 m.s., 1 augm.*, répétez encore 5 fois de * à * (18 m.).
Tour 4 : *2 m.s., 1 augm.*, répétez encore 5 fois de * à * (24 m.).
Tour 5 : *3 m.s., 1 augm.*, répétez encore 5 fois de * à * (30 m.).
Tour 6 : *4 m.s., 1 augm.*, répétez encore 5 fois de * à * (36 m.).
Tour 7 : *5 m.s., 1 augm.*, répétez encore 5 fois de * à * (42 m.).
Tours 8 à 10 : 1 m.s. dans chaque m. (42 m.).
Divisez l'ouvrage : crochetez 10 m.l. et joignez-les à l'autre côté à l'aide de 1 m.s., de sorte que l'ouvrage soit divisé en deux (une partie de 20 mailles, l'autre de 22). Crochetez le côté de 20 mailles (le bout de la queue) :
Tour 11 : 20 m.s., 10 m.s. sur les 10 m.l. (30 m.).
Tours 12 et 13 : 1 m.s. dans chaque m. (30 m.).
Tour 14 : *3 m.s., 1 dim.*, répétez encore 5 fois de * à * (24 m.).
Tour 15 : 1 m.s. dans chaque m. (24 m.).
Tour 16 : *2 m.s., 1 dim.*, répétez encore 5 fois de * à * (18 m.).
Tour 17 : *1 m.s., 1 dim.*, répétez encore 5 fois de * à * (12 m.).
Tour 18 : 6 dim. (6 m.s.).
Rembourrez un peu le bout de la queue avant de crocheter le reste.

2NDE PARTIE
Tour 11 : 22 m.s., 10 m.s. sur les 10 m.l. (32 m.).
Tour 12 : 22 m.s., 1 dim., 6 m.s., 1 dim. (30 m.).
Tour 13 : 22 m.s., 1 dim., 4 m.s., 1 dim. (28 m.).
Tours 14 à 16 : 1 m.s. dans chaque m. (28 m.).
Tour 17 : 22 m.s., 1 dim., 2 m.s., 1 dim. (26 m.).
Tours 18 à 20 : 1 m.s. dans chaque m. (26 m.).
Tour 21 : 1 dim., 18 m.s., 1 dim., 4 m.s. (24 m.).
Tours 22 à 24 : 1 m.s. dans chaque m. (24 m.).
Tour 25 : 1 dim., 16 m.s., 1 dim., 4 m.s. (22 m.).
Tours 26 à 28 : 1 m.s. dans chaque m. (22 m.).
Tour 29 : 1 dim., 14 m.s., 1 dim., 4 m.s. (20 m.).
Tours 30 et 31 : 1 m.s. dans chaque m. (20 m.).
Rembourrez. Coupez le fil en laissant une longueur suffisante pour la couture et pour le rentrer.

OREILLES

Avec du fil jaune orangé :
Tour 1 : crochetez un cercle de 6 m.s. (6 m.).
Tour 2 : 1 augm. dans chaque m. (12 m.).
Tours 3 à 5 : 1 m.s. dans chaque m. (12 m.).
Ne rembourrez pas. Coupez le fil en laissant une longueur suffisante pour la couture et pour le rentrer.

BRAS

Avec du fil jaune orangé :
Tour 1 : crochetez un cercle de 7 m.s. (5 m.).
Tours 2 à 10 : 1 m.s. dans chaque m. (7 m.).
Rembourrez un petit peu. Coupez le fil en laissant une longueur suffisante pour la couture et pour le rentrer.

Humboldt le pingouin

Humboldt a le nom de l'un des plus grands explorateurs, géographes et naturalistes de l'histoire : Friedrich Karl Wilhelm Heinrich Alexander von Humboldt, dit « Alex » pour les amis !

Le tuto n'est pas compliqué au niveau de sa forme, mais il représente un petit défi en ce qui concerne les changements de couleur sur le visage. Mais rien d'insurmontable pour le crocheteur aguerri que vous êtes désormais !

Hauteur : 17 cm

Fil : coton moyen

Quantité : 65 g

Couleurs :

Crochet : 2,75 mm

Autres :
Rembourrage
Yeux de sécurité

Si vous réutilisez les fils, nul besoin de les couper à chaque changement de couleur. Mais attention, ne tirez pas trop dessus afin qu'ils ne froncent pas l'ouvrage ; préférez les laisser bien lâches. N'oubliez pas que tous ces fils seront rentrés.

BEC

Avec du fil jaune :

Tour 1 : crochetez un cercle de 8 m.s. (8 m.).

Tour 2 : 1 m.s. dans chaque m. (8 m.).

Ne rembourrez pas. Coupez le fil en laissant une longueur suffisante pour la couture et pour le rentrer.

TÊTE ET CORPS

Avec un fil bleu foncé :

Tour 1 : crochetez un cercle de 6 m.s. (6 m.).

Tour 2 : 1 augm. dans chaque m. (12 m.).

Tour 3 : *1 m.s., 1 augm.*, répétez encore 5 fois de * à * (18 m.).

Tour 4 : *2 m.s., 1 augm.*, répétez encore 5 fois de * à * (24 m.).

Tour 5 : *3 m.s., 1 augm.*, répétez encore 5 fois de * à * (30 m.).

Tour 6 : *4 m.s., 1 augm.*, répétez encore 5 fois de * à * (36 m.).

Tour 7 : *5 m.s., 1 augm.*, répétez encore 5 fois de * à * (42 m.).

Tour 8 : 1 m.s. dans chaque m. (42 m.).

Travaillez en jacquard avec du fil écru ou blanc – l'important est que ce fil soit plus clair que le précédent.

Tour 9 : 16 m.s. en bleu, 4 m.s. en écru, 8 m.s. en bleu, 4 m.s. en écru, 10 m.s. en bleu (42 m.).

Tour 10 : 15 m.s. en bleu, 6 m.s. en écru, 6 m.s. en bleu, 6 m.s. en écru, 9 m.s. en bleu (42 m.).

Tours 11 à 15 : 14 m.s. en bleu, 8 m.s. en écru, 4 m.s. en bleu, 8 m.s. en écru, 8 m.s. en bleu (42 m.).

Crochetez avec la couleur 1 de l'écharpe.

Tour 16 : *6 m.s., 1 augm.*, répétez encore 5 fois de * à * (48 m.).

Brodez le bec. Fixez ou brodez les yeux.

Crochetez avec la couleur 2 de l'écharpe. Alternez 1 tour d'une couleur, 1 tour de l'autre.

Tours 17 à 22 : 1 m.s. dans chaque m. (48 m.).
Avec du fil gris, crochetez en piquant sous le brin arrière – seulement si vous réalisez l'écharpe.
Tour 23 : *7 m.s., 1 augm.*, répétez encore 5 fois de * à * (54 m.).
Crochetez en piquant sous les 2 brins.
Tours 24 à 37 : 1 m.s. dans chaque m. (54 m.).
Tour 38 : *7 m.s., 1 dim.*, répétez encore 5 fois de * à * (48 m.).
Tours 39 à 42 : 1 m.s. dans chaque m. (48 m.).

1re patte

Divisez l'ouvrage pour réaliser la 1re patte. Marquez 6 mailles centrales sur le devant du personnage, en prenant comme référence l'emplacement du bec. À partir de la 12e m.s. du milieu devant, comptez 12 m.s. vers la gauche, en allant vers le dos, et placez un anneau marqueur. Joignez la 12e m.s. dans le dos à la 1re m.s. sur le devant à l'aide de 1 m.s. Cette m.s. de jointure est la 1re maille du tour 1 de la patte.
Tour 43 : 1 m.s. dans chaque m. (12 m.). Il n'y a bien qu'un tour à crocheter !
Coupez le fil en laissant une longueur suffisante pour la couture et pour le rentrer.

2nde patte

Crochetez la 2nde patte de la même manière.
Rembourrez le corps et les pattes. Fermez le corps en cousant les 12 mailles centrales.

Pieds palmés

Avec du fil jaune :
Tour 1 : crochetez un cercle de 5 m.s. (5 m.).
Tour 2 : 1 m.s. dans chaque m. (5 m.).
Tour 3 : 1 augm. dans chaque m. (10 m.).
Tour 4 : 1 m.s. dans chaque m. (10 m.).
Tour 5 : *1 m.s., 1 augm.*, répétez encore 4 fois de * à * (15 m.).
Tours 6 à 8 : 1 m.s. dans chaque m. (15 m.).
Ne rembourrez pas. Coupez le fil en laissant une longueur suffisante pour la couture et pour le rentrer.
Aplatissez pour fermer en cousant le dernier tour.

AILES

Avec du fil bleu foncé :
Tour 1 : crochetez un cercle de 5 m.s. (5 m.).
Tour 2 : 1 m.s. dans chaque m. (5 m.).
Tour 3 : *1 m.s., 1 augm.*, répétez encore 1 fois de * à *, 1 m.s. (7 m.).
Tour 4 : 1 m.s. dans chaque m. (7 m.).
Tour 5 : *2 m.s., 1 augm.*, répétez encore 1 fois de * à *, 1 m.s. (9 m.).
Tour 6 : 1 m.s. dans chaque m. (9 m.).
Tour 7 : *3 m.s., 1 augm.*, répétez encore 1 fois de * à *, 1 m.s. (11 m.).
Tour 8 : 1 m.s. dans chaque m. (11 m.).
Tour 9 : *4 m.s., 1 augm.*, répétez encore 1 fois de * à *, 1 m.s. (13 m.).
Tour 10 : 1 m.s. dans chaque m. (13 m.).
Tour 11 : *5 m.s., 1 augm.*, répétez encore 1 fois de * à *, 1 m.s. (15 m.).
Tour 12 : 1 m.s. dans chaque m. (15 m.).
Tour 13 : *6 m.s., 1 augm.*, répétez encore 1 fois de * à *, 1 m.s. (17 m.).
Tour 14 : 1 m.s. dans chaque m. (17 m.).
Tour 15 : *7 m.s., 1 augm.*, répétez encore 1 fois de * à *, 1 m.s. (19 m.).
Tour 16 : 1 m.s. dans chaque m. (19 m.).
Ne rembourrez pas. Coupez le fil en laissant une longueur suffisante pour la couture et pour le rentrer.

Pour faire honneur à son nom, mon cher Humboldt a décidé, bien qu'il ne soit encore qu'un poussin, de devenir géographe-naturaliste et de se consacrer à l'exploration des océans. Et il espère avoir la possibilité de goûter toutes les variétés de sushis et de sashimis qu'il croisera sur sa route, ainsi que les spécialités latino-américaines comme le tiradito et le ceviche.

Alberto la mouette

J'adore Alberto ! Et j'adore les oiseaux, surtout les oiseaux marins et encore plus s'ils portent la classique marinière bretonne ! Je vous accorde que les mouettes ne sont pas les oiseaux les plus parfaits du règne animal – elles sont bruyantes, agressives, mangent encore plus mal que nous et ne sont guère très malignes –, mais pour moi, Alberto est parfait.

Avec ce tuto, vous apprendrez une forme nouvelle : une série de mailles en l'air qui partent du cou vont jouer le rôle de colonne vertébrale et servir de base au reste du corps.

Hauteur : 25 cm

Fil : coton moyen

Quantité : 90 g

Couleurs :

Crochet : 2,75 mm

Autres :
Rembourrage
Yeux de sécurité

BEC

Avec du fil jaune :
Tour 1 : crochetez un cercle de 6 m.s. (6 m.).
Tour 2 : 1 augm. dans chaque m. (12 m.).
Tours 3 à 12 : 1 m.s. dans chaque m. (12 m.).
Rembourrez. Coupez le fil en laissant une longueur suffisante pour la couture et pour le rentrer.

TÊTE ET CORPS

D'un seul tenant. Avec du fil écru ou de couleur naturelle :
Tour 1 : crochetez un cercle de 6 m.s. (6 m.).
Tour 2 : 1 augm. dans chaque m. (12 m.).
Tour 3 : *1 m.s., 1 augm.*, répétez encore 5 fois de * à * (18 m.).
Tour 4 : *2 m.s., 1 augm.*, répétez encore 5 fois de * à * (24 m.).
Tour 5 : *3 m.s., 1 augm.*, répétez encore 5 fois de * à * (30 m.).
Tour 6 : *4 m.s., 1 augm.*, répétez encore 5 fois de * à * (36 m.).
Tours 7 à 19 : 1 m.s. dans chaque m. (36 m.).
Brodez le bec. Fixez ou brodez les yeux.
Pour crocheter le t-shirt, alternez 1 tour d'une couleur, 1 tour de l'autre.
Tours 20 à 35 : 1 m.s. dans chaque m. (36 m.).
Avec la couleur du corps, crochetez en piquant sous le brin arrière – seulement si vous réalisez le t-shirt.
Tour 36 : 1 m.s. dans chaque m. (36 m.).
Crochetez en piquant sous les 2 brins – seulement si vous réalisez le t-shirt.
Tour 37 : crochetez 9 m.l. (9 m.).
Cette chaînette forme la colonne vertébrale du personnage. Crochetez des 2 côtés de cette chaînette – comme pour le museau de Jacques ou de Pablo : 8 m.s. sur la chaînette, 1 m.s. sur la m.s. où commencent les m.l. (afin d'éviter qu'un petit trou ne se forme), 36 m.s. sur le cou (en piquant sous le brin arrière), 7 m.s. sur la chaînette, 1 augm. dans la dernière m.l.
Tour 38 : 2 augm., 50 m.s., 2 augm. (54 m.).
Tour 39 : 3 augm., 53 m.s., 2 augm. (63 m.).
Tours 40 à 42 : 1 m.s. dans chaque m. (63 m.).
Commencez à rembourrer un peu le cou.
Tour 43 : 4 m.s., 1 dim., 53 m.s., 1 dim., 3 m.s. (61 m.).
Tour 44 : 1 m.s. dans chaque m. (61 m.).
Tour 45 : 4 m.s., 1 dim., 50 m.s., 1 dim., 3 m.s. (59 m.).
Tour 46 : 1 m.s. dans chaque m. (59 m.).
Tour 47 : 4 m.s., 1 dim., 48 m.s., 1 dim., 3 m.s. (57 m.).
Tour 48 : 24 m.s., 1 dim., 6 m.s., 1 dim., 23 m.s. (55 m.).
Tour 49 : 4 m.s., 1 dim., 44 m.s., 1 dim., 3 m.s. (53 m.).
Tour 50 : 22 m.s., 1 dim., 6 m.s., 1 dim., 21 m.s. (51 m.).
Tour 51 : 4 m.s., 1 dim., 19 m.s., 1 dim., 19 m.s., 1 dim., 3 m.s. (48 m.).
Tour 52 : *6 m.s., 1 dim.*, répétez encore 5 fois de * à * (42 m.).
Tour 53 : *5 m.s., 1 dim.*, répétez encore 5 fois de * à * (36 m.).
Tour 54 : *4 m.s., 1 dim.*, répétez encore 5 fois de * à * (30 m.).
Tour 55 : *3 m.s., 1 dim.*, répétez encore 5 fois de * à * (24 m.).
Finissez de rembourrer.
Tour 56 : *2 m.s., 1 dim.*, répétez encore 5 fois de * à * (18 m.).
Tour 57 : *1 m.s., 1 dim.*, répétez encore 5 fois de * à * (12 m.).
Tour 58 : 6 dim. (6 m.).
Coupez le fil en laissant une longueur suffisante pour le rentrer.

PATTES

Les pattes sont en forme de tube.
Avec du fil jaune, crochetez une chaînette de 10 m.l. Avec 1 m.c., joignez la 1re maille à la dernière.
Continuez à crocheter en spirale.
Tour 1 : 1 m.s. dans chaque m. (10 m.).
Tours 2 à 10 : 1 m.s. dans chaque m. (10 m.).
Rembourrez un peu. Coupez le fil en laissant une longueur suffisante pour la couture et pour le rentrer.

PIEDS PALMÉS

Les pieds sont en forme de triangle. Avec du fil jaune :
Tour 1 : crochetez un cercle de 5 m.s. (5 m.).
Tour 2 : 1 m.s. dans chaque m. (5 m.).
Tour 3 : 1 augm. dans chaque m. (10 m.).
Tour 4 : 1 m.s. dans chaque m. (10 m.).
Tour 5 : *1 m.s., 1 augm.*, répétez encore 4 fois de * à * (15 m.).
Tour 6 : 1 m.s. dans chaque m. (15 m.).
Tour 7 : *2 m.s., 1 augm.*, répétez encore 4 fois de * à * (20 m.).
Tour 8 : 1 m.s. dans chaque m. (20 m.).
Tour 9 : *3 m.s., 1 augm.*, répétez encore 4 fois de * à * (25 m.).
Tours 10 et 11 : 1 m.s. dans chaque m. (25 m.).
Ne rembourrez pas. Coupez le fil en laissant une longueur suffisante pour la couture et pour le rentrer.
Aplatissez pour fermer en cousant l'ouverture. Cousez les pieds aux pattes.

AILES

Avec du fil gris :

Tour 1 : crochetez un cercle de 6 m.s. (6 m.).

Tour 2 : 1 augm. dans chaque m. (12 m.).

Tour 3 : *1 m.s., 1 augm.*, répétez encore 5 fois de * à * (18 m.).

Tour 4 : *2 m.s., 1 augm.*, répétez encore 5 fois de * à * (24 m.).

Tour 5 : *3 m.s., 1 augm.*, répétez encore 5 fois de * à * (30 m.).

Tours 6 à 8 : 1 m.s. dans chaque m. (30 m.).

Ne rembourrez pas. Coupez le fil en laissant une longueur suffisante pour la couture et pour le rentrer.

QUEUE

Avec du fil gris :

Tour 1 : crochetez un cercle de 8 m.s. (8 m.).

Tours 2 à 8 : 1 m.s. dans chaque m. (8 m.).

Ne rembourrez pas. Coupez le fil en laissant une longueur suffisante pour la couture et pour le rentrer.

Lorsque vous suivez ce type de tuto (avec une nouvelle maille de départ comme pour la chaînette de base pour la colonne vertébrale), n'oubliez pas de déplacer l'anneau marqueur. Insérez-le dans la 1re maille serrée que vous crochetez sur les mailles en l'air (sur la chaînette de base).

Roberto la saucisse

Si vous cherchez le mot « joie » dans un dictionnaire, vous trouverez certainement la photo de Roberto. Toujours le sourire au museau, il se promène dans la vie en donnant un petit coup de patte à tous ceux qui en ont besoin.

Il est la meilleure personne pour écouter ses amis et il a le don de voir le côté positif des choses en toute situation. Son seul défaut, c'est son grand faible pour la cuisine italienne : pizzas, pâtes et tout ce qui contient basilic, fromage, ail, tomate et olives. Il dit qu'il tient ça de sa grand-mère.

Le corps de Roberto se crochète d'un seul tenant, mais la tête est réalisée séparément. Comme pour le museau de Rodolpho le huemul, les augmentations sur son nez se crochètent d'un seul côté.

Hauteur : 10 cm
Longueur : 30 cm

Fil : coton moyen

Quantité : 75 g

Couleurs :

Crochet : 2,75 mm

Autres :
Rembourrage
Yeux de sécurité

Roberto salchicha ama las almendras

TÊTE

Avec du fil noir :

Tour 1 : crochetez un cercle de 6 m.s. (6 m.).

Tour 2 : 1 augm. dans chaque m. (12 m.).

Tours 3 à 6 : 1 m.s. dans chaque m. (12 m.).

Coupez le fil en laissant une longueur suffisante pour broder la bouche.

Avec du fil jaune moutarde :

Tour 7 : *1 m.s., 1 augm.*, répétez encore 5 fois de * à * (18 m.).

Tours 8 à 11 : 1 m.s. dans chaque m. (18 m.).

Tour 12 : 8 m.s., 2 augm., 8 m.s. (20 m.).

Tours 13 et 14 : 1 m.s. dans chaque m. (20 m.).

Tour 15 : 9 m.s., 1 augm., 1 m.s., 1 augm., 8 m.s. (22 m.).

Tours 16 et 17 : 1 m.s. dans chaque m. (22 m.).

Tour 18 : 10 m.s., 1 augm., 2 m.s., 1 augm., 8 m.s. (24 m.).

Tours 19 et 20 : 1 m.s. dans chaque m. (24 m.).

Tour 21 : 7 m.s. *1 augm., 1 m.s.*, répétez encore 5 fois de * à *, 5 m.s. (30 m.).

Tour 22 : 1 m.s. dans chaque m. (30 m.).

Tour 23 : 8 m.s. *1 augm., 2 m.s.*, répétez encore 5 fois de * à *, 4 m.s. (36 m.).

Tour 24 : 1 m.s. dans chaque m. (36 m.).

Tour 25 : 9 m.s. *1 augm., 3 m.s.*, répétez encore 5 fois de * à *, 3 m.s. (42 m.).

Tours 26 et 27 : 1 m.s. dans chaque m. (42 m.).

Brodez la bouche.

Tour 28 : 10 m.s. *1 augm., 4 m.s. *, répétez encore 5 fois de * à *, 2 m.s. (48 m.).

Tours 29 à 34 : 1 m.s. dans chaque m. (48 m.).

Tour 35 : *5 m.s., 1 dim.*, répétez encore 5 fois de * à * (42 m.).

Tour 36 : 1 m.s. dans chaque m. (42 m.).

Tour 37 : *5 m.s., 1 dim.*, répétez encore 5 fois de * à * (36 m.).

Fixez ou brodez les yeux.

Tour 38 : *4 m.s., 1 dim.*, répétez encore 5 fois de * à * (30 m.).

Tour 39 : *3 m.s., 1 dim.*, répétez encore 5 fois de * à * (24 m.).

Rembourrez.

Tour 40 : *2 m.s., 1 dim.*, répétez encore 5 fois de * à * (18 m.).

Tour 41 : *1 m.s., 1 dim.*, répétez encore 5 fois de * à * (12 m.).

Tour 42 : 6 dim. (6 m.).

CORPS

Commencez par le cou. Avec la couleur jaune moutarde, crochetez une chaînette de base composée de 18 m.l. Avec 1 m.c., joignez la 1re maille à la dernière. Cette chaînette en forme de cercle constitue la base du cou sur laquelle viendra s'appuyer la tête. Continuez à crocheter en spirale.

Tour 1 : 1 m.s. dans chaque m. (18 m.).

Tours 2 et 3 : 1 m.s. dans chaque m. (18 m.).

Pour crocheter le t-shirt, alternez 1 tour d'une couleur, 1 tour de l'autre.

Tours 4 et 5 : 1 m.s. dans chaque m. (18 m.).

Tour 6 : *2 m.s., 1 augm.*, répétez encore 5 fois de * à * (24 m.).

Tours 7 à 10 : 1 m.s. dans chaque m. (24 m.).

Avec du fil jaune moutarde :

Tour 11 : crochetez une chaînette de 31 m.l. (31 m.).

Cette chaînette forme la colonne vertébrale du personnage. Continuez à crocheter en spirale – n'oubliez pas de déplacer l'anneau marqueur à partir de ce tour : 1 augm., 29 m.s. sur la chaînette de base, 24 m.s. (en piquant sous le brin arrière des m.s. du cou), 29 m.s. de l'autre côté de la chaînette de base, 1 augm. dans la dernière m.l. (86 m.).

Tour 12 : 1 m.s., 1 augm., 83 m.s., 1 augm. (88 m.).

Tour 13 : 2 m.s., 1 augm., 84 m.s., 1 augm. (90 m.).

Tour 14 : 3 m.s., 1 augm., 85 m.s., 1 augm. (92 m.).

Tours 15 à 18 : 1 m.s. dans chaque m. (92 m.).

1RE PATTE

Divisez l'ouvrage pour réaliser la 1re patte. Pliez-le en deux et marquez les 3 mailles centrales dans le dos (à l'emplacement de la queue). À partir de la 3e m.s. sur la queue, vers la gauche, crochetez 8 m.s., 7 m.l. Avec 1 m.c., joignez la 1re m.s. à la dernière maille à l'aide de 1 m.s.

Tour 1 : 8 m.s. sur les m.s., 7 m.s. sur les m.l. (15 m).

Tours 2 et 3 : 1 m.s. dans chaque m. (15 m.).

Tour 4 : *1 m.s., 1 dim. *, répétez encore 4 fois de * à * (10 m.).

Tours 5 et 6 : 1 m.s. dans chaque m. (10 m.).

Tour 7 : 5 dim. (5 m.).

2E ET 4E PATTES

Comptez 27 m.s. vers la gauche (ces mailles constituent l'écart entre les pattes arrière et les pattes avant – le ventre) et crochetez de la même manière que la 1re patte.

3E PATTE

Comptez 3 m.s. vers la gauche (ces mailles constituent l'écart entre les pattes avant) et crochetez de la même manière que la 1re patte.

RABATS ENTRE LES PATTES

Reprenez les 3 m.s. entre les pattes arrière et crochetez en aller-retour.

Tours 1 à 4 : 1 m.s. dans chaque m. (3 m.).

Coupez le fil en laissant une longueur suffisante pour la couture et pour le rentrer. Faites de même avec les 3 m.s. entre les pattes avant.

RABAT DU VENTRE

Avec du fil jaune moutarde, reprenez les 27 m.s. entre les pattes avant et arrière (d'un côté ou de l'autre, peu importe) et crochetez en aller-retour.

Tours 1 à 10 : 1 m.s. dans chaque m. (27 m.).

Coupez le fil en laissant une longueur suffisante pour la couture.

MONTAGE

Une fois terminées, rembourrez un peu les 4 pattes. Cousez les rabats entre les pattes, en joignant chaque côté au bord de la patte correspondante. Cousez le rabat du ventre, maille à maille, à l'autre côté du corps. Après avoir cousu les 3 rabats, 2 trous se sont formés. Fermez le 1er, en joignant le petit rabat et une partie des pattes à l'un des côtés du rabat du ventre. Rembourrez bien le corps. Fermez en cousant l'autre trou de la même manière. Finissez de rembourrer le corps par le trou du cou. Placez la tête sur le cou (aidez-vous d'épingles) et faites quelques points pour la maintenir en place. Une fois que vous êtes satisfait de sa position, cousez-la maille à maille.

OREILLES

Avec du fil noir :

Tour 1 : crochetez un cercle de 5 m.s. (5 m.).
Tour 2 : 1 augm. dans chaque m. (10 m.).
Tour 3 : *1 m.s., 1 augm.*, répétez encore 4 fois de * à * (15 m.).
Tour 4 : 1 m.s. dans chaque m. (15 m.).
Tour 5 : *2 m.s., 1 augm.*, répétez encore 4 fois de * à * (20 m.).
Tour 6 : *3 m.s., 1 augm.*, répétez encore 4 fois de * à * (25 m.).
Tours 7 et 8 : 1 m.s. dans chaque m. (25 m.).
Tour 9 : *3 m.s., 1 dim.*, répétez encore 4 fois de * à * (20 m.).
Tour 10 : 1 m.s. dans chaque m. (20 m.).
Tour 11 : *2 m.s., 1 dim.*, répétez encore 4 fois de * à * (15 m.).
Tours 12 à 16 : 1 m.s. dans chaque m. (15 m.).

Ne rembourrez pas. Coupez le fil en laissant une longueur suffisante pour la couture et pour le rentrer.

QUEUE

Avec du fil noir :

Tour 1 : crochetez un cercle de 5 m.s. (5 m.).
Tours 2 à 4 : 1 m.s. dans chaque m. (5 m.).

Ne rembourrez pas. Coupez le fil en laissant une longueur suffisante pour la couture et pour le rentrer.

Amélia la girafe

Amélia est née géante, mesurant plus de 1,50 m ! Elle a nécessité beaucoup de fil et de rembourrage, et encore plus d'amour. Elle a été créée en vue d'une idée encore plus grandiose : offrir un peu de couleur et de joie aux enfants, lors de leur séjour à l'hôpital pour enfants Dr. Ricardo Gutiérrez, à Buenos Aires. Elle y réside encore aujourd'hui et c'est la girafe en crochet la plus heureuse du monde.

Le tuto présenté ici n'est pas aussi grand que l'original, mais il conserve toute la joie et l'amour avec lesquels elle est née.

Hauteur : 45 cm

Fil : coton moyen

Quantité : 120 g

Couleurs :

Crochet : 2,75 mm

Autres :
Rembourrage
Yeux de sécurité

MUSEAU

Avec du fil blanc ou de couleur naturelle :
Tour 1 : crochetez un cercle de 6 m.s. (6 m.).
Tour 2 : 1 augm. dans chaque m. (12 m.).
Tour 3 : *1 m.s., 1 augm.*, répétez encore 5 fois de * à * (18 m.).
Tour 4 : *2 m.s., 1 augm.*, répétez encore 5 fois de * à * (24 m.).
Tours 5 et 6 : 1 m.s. dans chaque m. (24 m.).
Avec du fil beige clair :
Tours 7 et 8 : 1 m.s. dans chaque m. (24 m.).
Tour 9 : *3 m.s., 1 augm.*, répétez encore 5 fois de * à * (30 m.).
Tours 10 à 13 : 1 m.s. dans chaque m. (30 m.).
Tour 14 : *4 m.s., 1 augm.*, répétez encore 5 fois de * à * (36 m.).
Tour 15 : 1 m.s. dans chaque m. (36 m.).
Rembourrez. Coupez le fil en laissant une longueur suffisante pour la couture et pour le rentrer. Brodez le nez et la bouche.

YEUX

Avec du fil de couleur naturelle, crochetez des 2 côtés de la chaînette de base composée de 5 m.l. N'oubliez pas que la 1re m.s. s'effectue dans la 2e m.l. à partir du crochet.
Tour 1 : 1 augm., 2 m.s., 3 m.s. dans la dernière m.l. De l'autre côté de la chaînette : 3 m.s. (10 m.).
Continuez à crocheter en spirale.
Tour 2 : 1 m.s., 1 augm., 2 m.s., 1 augm., 1 m.s., 1 augm., 2 m.s., 1 augm. (14 m.). Terminez par 1 m.c.
Ne rembourrez pas. Coupez le fil en laissant une longueur suffisante pour la couture et pour le rentrer. Brodez l'œil.

TÊTE, CORPS ET PATTES

D'un seul tenant. Avec du fil beige clair :
Tour 1 : crochetez un cercle de 6 m.s. (6 m.).
Tour 2 : 1 augm. dans chaque m. (12 m.).
Tour 3 : *1 m.s., 1 augm.*, répétez encore 5 fois de * à * (18 m.).
Tour 4 : *2 m.s., 1 augm.*, répétez encore 5 fois de * à * (24 m.).
Tour 5 : *3 m.s., 1 augm.*, répétez encore 5 fois de * à * (30 m.).
Tour 6 : *4 m.s., 1 augm.*, répétez encore 5 fois de * à * (36 m.).
Tours 7 à 20 : 1 m.s. dans chaque m. (36 m.).
Cousez le museau et les yeux comme le museau est plutôt grand et la tête petite, il peut être difficile de les coudre à ce moment-là. Dans ce cas, réalisez la couture une fois le corps terminé.
Pour crocheter le t-shirt, alternez 2 tours de chaque couleur. Rembourrez le cou au fur et à mesure.
Tour 21 : 1 augm., 35 m.s. (37 m.).
Tours 22 à 28 : 1 m.s. dans chaque m. (37 m.).
Tour 29 : 1 augm., 36 m.s. (38 m.).
Tours 30 à 36 : 1 m.s. dans chaque m. (38 m.).
Tour 37 : 1 augm., 37 m.s. (39 m.).
Tours 38 à 44 : 1 m.s. dans chaque m. (39 m.).
Tour 45 : 1 augm., 38 m.s. (40 m.).
Tours 46 à 52 : 1 m.s. dans chaque m. (40 m.).
Tour 53 : 1 augm., 39 m.s. (41 m.).
Tours 54 à 60 : 1 m.s. dans chaque m. (41 m.).
Avec la 3e couleur du t-shirt (facultatif) :
Tour 61 : 1 augm., 40 m.s. (42 m.).
Tour 62 : 1 m.s. dans chaque m. (42 m.).
Avec du fil beige clair, crochetez autant de m.s. que nécessaire pour arriver exactement au milieu du dos de l'animal (j'ai dû crocheter 7 m.s., mais cela dépend uniquement de l'emplacement du museau).
Crochetez une chaînette de base composée de 12 m.l.
Tour 63 : 11 m.s. sur les m.l., 42 m.s. autour du cou, 10 m.s. sur les m.l, 1 augm. dans la dernière m.l. (65 m.).
Tour 64 : 1 m.s., 1 augm., 28 m.s., 1 augm., 1 m.s., 1 augm., 1 m.s., 1 augm., 28 m.s., 1 augm., 1 m.s. (70 m.).
Tour 65 : 2 m.s., 1 augm., 65 m.s., 1 augm., 1 m.s. (72 m.).
Tour 66 : 2 m.s., 1 augm., 66 m.s., 1 augm., 2 m.s. (74 m.).
Tour 67 : 3 m.s., 1 augm., 30 m.s., 1 augm., 2 m.s., 1 augm., 2 m.s., 1 augm., 29 m.s., 1 augm., 3 m.s. (79 m.).
Tour 68 : 4 m.s., 1 augm., 70 m.s., 1 augm., 3 m.s. (81 m.).
Tour 69 : 1 m.s. dans chaque m. (81 m.).
Tour 70 : 37 m.s., 1 augm., 3 m.s., 1 augm., 3 m.s., 1 augm., 35 m.s. (84 m.).
Tours 71 à 80 : 1 m.s. dans chaque m. (84 m.).

1re PATTE

Divisez l'ouvrage pour réaliser la 1re patte. Pliez-le en deux et marquez 6 mailles centrales dans le dos (à l'emplacement de la queue). À partir de la 6e m.s., sur la queue, vers la gauche, crochetez 12 m.s., 8 m.l. Avec 1 m.c., joignez la 1re m.s. à la dernière maille à l'aide de 1 m.s.

Tour 1 : 12 m.s. sur les m.s., 8 m.s. sur les m.l. (20 m.).
Tours 2 à 16 : 1 m.s. dans chaque m. (20 m.).
Avec du fil blanc ou de couleur naturelle :
Tours 17 à 21 : 1 m.s. dans chaque m. (20 m.).
Avec du fil noir :
Tours 22 à 20 : 1 m.s. dans chaque m. (20 m.).
Tour 25 : *2 m.s., 1 dim. *, répétez encore 4 fois de * à * (15 m.).
Tour 26 : *1 m.s., 1 dim. *, répétez encore 4 fois de * à * (10 m.).
Tour 27 : 5 dim. (5 m.).

2e et 4e pattes

Comptez 12 m.s. vers la gauche (ces mailles constituent l'écart entre les pattes arrière et les pattes avant – le ventre) et crochetez de la même manière que la 1re patte.

3e patte

Comptez 6 m.s. vers la gauche (ces mailles constituent l'écart entre les pattes avant) et crochetez de la même manière que la 1re patte.

Rabats entre les pattes

Reprenez les 6 m.s. entre les pattes arrière :
Tours 1 à 4 : 1 m.s. dans chaque m. (6 m.).
Coupez le fil en laissant une longueur suffisante pour la couture et pour le rentrer. Faites de même avec les 6 m.s. entre les pattes avant.

Rabat du ventre

Reprenez les 12 m.s. entre les pattes avant et les pattes arrière (d'un côté ou de l'autre, peu importe) :
Tours 1 à 15 : 1 m.s. dans chaque m. (12m.).
Coupez le fil en laissant une longueur suffisante pour la couture et pour le rentrer.

MONTAGE

Une fois terminées, rembourrez les 4 pattes avec suffisamment de ouate pour qu'elles soient assez rigides pour tenir debout. Cousez les rabats entre les pattes, en joignant chaque côté au bord de la patte correspondante. Cousez le rabat du ventre, maille à maille, à l'autre côté du corps. Après avoir cousu les 3 rabats, 2 trous se sont formés. Fermez le 1er, en joignant le petit rabat et une partie des pattes à l'un des côtés du rabat du ventre. Rembourrez bien le corps. Fermez en cousant l'autre trou de la même manière.

CORNES

Avec du fil noir :
Tour 1 : crochetez un cercle de 8 m.s. (8 m.).
Tours 2 et 3 : 1 m.s. dans chaque m. (8 m.).
Avec du fil beige clair :
Tours 4 à 11 : 1 m.s. dans chaque m. (8 m.).
Rembourrez. Coupez le fil en laissant une longueur suffisante pour la couture et pour le rentrer.

OREILLES

Avec du fil beige clair :
Tour 1 : crochetez un cercle de 6 m.s. (6 m.).
Tour 2 : 1 augm. dans chaque m. (12 m.).
Tour 3 : 1 m.s. dans chaque m. (12 m.).
Tour 4 : *1 m.s., 1 augm.*, répétez encore 5 fois de * à * (18 m.).
Tours 5 à 10 : 1 m.s. dans chaque m. (18 m.).
Tour 11 : *1 m.s., 1 dim.*, répétez encore 5 fois de * à * (12 m.).
Tours 12 et 13 : 1 m.s. dans chaque m. (12 m.).
Ne rembourrez pas. Coupez le fil en laissant une longueur suffisante pour la couture et pour le rentrer.

Intérieur des oreilles

Avec du fil blanc ou de couleur naturelle, crochetez des 2 côtés de la chaînette de base composée de 8 m.l. N'oubliez pas que la 1re m.s. s'effectue dans la 2e m.l. à partir du crochet.
Tour 1 : 1 augm., 5 m.s., 3 m.s. dans la dernière m.l. De l'autre côté de la chaînette de base avec du fil noir : 1 m.s., 2 demi-br., 2 br., 1 demi-br. (16 m.).
Avec du fil blanc ou de couleur naturelle :
Tour 2 : 1 augm., 7 m.s., 1 augm., 7 m.s., 1 m.c. (18 m.).
Ne rembourrez pas. Coupez le fil en laissant une longueur suffisante pour la couture et pour le rentrer.

QUEUE

Avec du fil noir :
Tour 1 : crochetez un cercle de 4 m.s. (4 m.).

Tour 2 : 1 m.s. dans chaque m. (4 m.).
Tour 3 : *1 m.s., 1 augm.*, répétez encore 1 fois de * à * (6 m.).
Tour 4 : 1 m.s. dans chaque m. (6 m.).
Avec du fil beige clair :
Tours 5 à 9 : 1 m.s. dans chaque m. (6 m.).
Ne rembourrez pas. Coupez le fil en laissant une longueur suffisante pour la couture et pour le rentrer.

TACHES

Avec du fil noir :
Tour 1 : crochetez un cercle de 8 m.s. (8 m.).
Ne rembourrez pas. Coupez les fils en laissant une longueur suffisante pour la couture et les rentrer.
J'ai crocheté 10 ronds, mais vous pouvez en faire beaucoup plus. Rien ne vous empêche également de les broder ou de les réaliser en jacquard.

Amélia est la détermination incarnée. Elle cherche toujours à relever de nouveaux défis et à vivre de nouvelles aventures. Elle veut tout voir, tout faire, tout découvrir. Et comme elle sait bien qu'une vie ne suffit pas pour réaliser son odyssée, elle parle avec tous ceux qu'elle croise, écoute tout le monde et dévore tous les livres de voyages et d'aventures qui passent entre ses pattes.

Remerciements

À mes parents qui m'ont toujours entourée de livres, de contes, de BD et de personnages. À mon frère pour ces après-midi sans fin à créer des villes et des royaumes dans notre chambre, sans se soucier de mélanger Playmobils et Pinypons. À mon fils aîné, Simon, qui a su me comprendre dès son premier jour et qui, bien que je ne sois pas « une maman comme celle de mes copains », me fait toujours sentir que je suis la meilleure. À ma fille, Juana, qui m'accompagne tous les jours en chantant pendant que je travaille, assurant le contrôle qualité et complétant avec « amour » chaque pièce terminée (peu importe qu'il s'agisse d'un bras sans rembourrage, il reçoit bisous et câlins). À mon mari et meilleur ami qui m'accompagne, me met au défi et m'encourage à sortir de ma zone de confort… et me prend dans ses bras quand tant de défis me font fondre en larmes.

À tous ceux que j'ai croisés dans la vie et qui n'ont pas été effrayés de me voir danser sur *Magic Dance* de Bowie, ou de m'entendre fredonner en marchant dans la rue *La Marche impériale* de *Star Wars* ou *My favourite things (The Sound of Music)*. À ceux qui, jour après jour, continuent de croire en ce que je fais, en publiant mes livres ou en participant à des ateliers pour m'entendre parler pendant des heures. À ceux qui ont toujours un mot d'encouragement et un sourire devant mes soupirs, mes peurs et mes doutes, malgré la distance, le décalage horaire et les différences de langue.

Et bien entendu, à tous les esprits géniaux qui ont rêvé les mille personnages qui font partie de notre imaginaire, et aux belles personnes qui ont mis tous leurs efforts et tout leur cœur à créer les jouets qui nous accompagnent dans notre enfance. Merci d'avoir pensé qu'il n'y avait rien de plus important que de continuer à alimenter le pouvoir de l'imagination.

Yan

Tous les tutos et personnages qui figurent dans ce livre sont la propriété intellectuelle de Yan Schenkel. Reproduction et vente interdites.

L'auteur publie ces tutos afin qu'ils puissent être réalisés de manière individuelle, personnelle et sans but commercial. S'il vous plaît, ne vendez pas les personnages Pica Pau que vous crochetez à partir de ces tutos : ils sont réservés à votre usage, celui de votre famille et de vos amis.

Informations concernant les ateliers et où acheter les personnages officiels de Pica Pau
www.elmundodepicapau.com

Le prochain livre de Yan Schenkel (en espagnol)
Escuela de Dibujo
para diseñadores, creativos e imaginadores

Sixième tirage 2021

Imprimé en France par Sepec - 21682211009

Dépôt légal : juillet 2020

IMPRIM'VERT®

PEFC™ 10-31-1470 / Certifié PEFC / Ce produit est issu de forêts gérées durablement et de sources contrôlées. / pefc-france.org